冒险生活大揭秘

[英] 佩妮·史密斯　著

余晶晶　译

科学普及出版社
·北京·

一位勇士正在美国约塞米蒂国家公园的迷剑峰走扁带。

图书在版编目 (CIP) 数据

冒险生活大揭秘：有趣的 3D 立体书 /
（英）佩妮·史密斯著；余晶晶译.
一北京：科学普及出版社，2017
书名原文：living dangerously
ISBN 978-7-110-09214-9

Ⅰ.①冒… Ⅱ.①佩…②余…
Ⅲ.①安全教育 – 普及读物
Ⅳ.① X956-49

中国版本图书馆 CIP 数据核字 (2017) 第 088592 号

DK | Penguin Random House

A Dorling Kindersley Book
www.dkchina.com

Original Title: Living Dangerously
Copyright © 2011 Dorling Kindersley Limited
本书中文版由 Dorling Kindersley Limited
授权科学普及出版社出版，
未经出版许可不得以任何方式
抄袭、复制或任何部分。

著作权合同登记号：01-2013-5633

责任编辑 梁军霞
封面设计 朱　颖
责任校对 杨京华
责任印制 张建农

科学普及出版社出版
北京市海淀区中关村南大街 16 号
邮政编码：100081
电话：010-62173865　传真：010-62179148
http://www.cspbooks.com.cn
中国科学技术出版社发行部发行
北京华联印刷有限公司印刷
开本：635 毫米*965 毫米　1/8
印张：10　字数：100 千字
2017 年 6 月第 1 版　2017 年 6 月第 1 次印刷
ISBN 918-7-110-09214-9/X•68
印数：1-5000 册　定价：59.80 元

（凡购买本社图书，如有缺页、倒页、脱页者，
本社发行部负责调换）

目录

跳伞	4-9
战胜森林大火	10-13
高空走钢丝	14-17
修筑空中楼阁	18-23
风暴中的海钓	24-25
排雷	26-29
洞穴探秘	30-35
采集蛇毒	36-39
冰雪卡车行	40-41
攀岩	42-47
水下工作	48-51
峭壁滑雪	52-53

地心采矿	54-57
太空行走	58-63
大浪冲浪	64-67
直升机营救	68-71
疯狂蹦极	72-79
致谢	80

*安全提示：此书中的动作都很危险，没有受过专门的训练，请不要模仿。

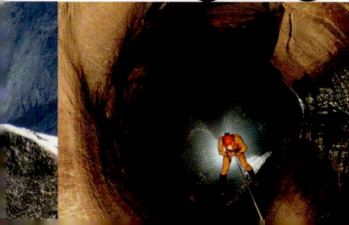

简介

让我们打开此书，来结识那些踩着细索跨过峡谷、冒着风暴在海上工作的勇士，看看滑雪者如何在陡峭万分的山坡上冲下来，或者和建筑工人一起系上安全带在高空作业。《冒险生活大揭秘》这本书描述了这样一些（还有更多）勇敢的人。攥紧拳头，让我们共同进入一个充满刺激和挑战的世界吧！

在光滑的冰洞中攀爬。

你正站在一架飞行于 4000 米高空的飞机上。机舱打开，你屏住呼吸，一跃而下……在你打开降落伞安全着陆前，有长达 60 秒的自由落体时间。你可以表演杂技，也可以和其他跳伞运动员一起飞翔。

如果不带氧气瓶，你最高可以从 4900 米的高空跳下来。

跳伞运动员的一天

1 **打包**：要想保证降落伞安全打开，最重要的就是确保打包的方式正确。所有的装备都要检查两遍。

2 **起飞**：跳伞运动员乘坐飞机、热气球或者直升机，飞到跳伞区上空合适的高度。

3 **跳伞**：飞机后部的舱门打开，跳伞运动员依次或成对跳下……

世界上第一个降落伞是在 1483 年，由意大利的艺术家和发明家

你的降落速度有多快?

在打开降落伞前要把落体速度降到这个大小

安全着陆的平均速度

自由落体的平均速度

练习中所能达到的自由落体速度

自由落体速度的最高纪录

120
160-180
110
190
260-290
180
20
520
13
321
km/h
mph

伞盖
(降落伞)能借助空气的力量把跳伞者的速度降下来。

有绳索将伞盖和跳伞者背后的伞包连在一起。

拉动栓扣可以控制降落伞。

打开降落伞时
跳伞者会首先打开引导伞,引导伞又会借助风力拉出主伞。跳伞者常常还会带一个备用伞以防主伞故障。

伞盖

4 **自由落体**:头几秒确实非常吓人:快速坠落,却没有打开降落伞,但是在这段时间里可以表演几个空中杂技……

5 **调整**:在离地 760 米时,引导伞已经打开,它会从伞包中把主伞拉出来。

6 **着陆**:在着陆的过程中最重要的就是要减速、屈膝、轻轻着陆。要注意避开诸如大树、湖泊之类的危险降落点。

达·芬奇设计的。但是,500 年后才首次试用,并大获成功!

在风洞中，你无须背降落伞，但是感觉和真正的自由落体一样。

跟随式跳伞：很多人在第一次跳伞的时候都是采用跟随式跳伞，也就是把自己和一个有资格证的跳伞教练绑在一起同时跳下去。用这种方式只需要花 20 分钟就可以学会怎么穿降落伞，怎么在自由落体的时候调整你的身体，以及怎么着陆。然后，你就可以自己跳了！

固定开伞索系统：比较紧张的初学者可以使用固定开伞索系统来学习跳伞。在这个系统中，降落伞的伞盖是被一根非常牢固的长绳固定在飞机上的。当你跳下飞机时，这根长绳就会拉开伞盖。用这种方式学跳伞，你至少需要花 6 小时在教室里学习这个设备，以及如何控制伞盖，如何安全着陆。

加速自由落体：这种学习方式适合于那些极富冒险精神的初学者。在完成课堂学习之后，你将会和两个教练员一起跳伞，并在空中体验一次长约 1 分钟的自由落体！这两个教练员将会在你打开伞盖安全着陆前帮助你完成一些高空特技。

这儿风大！

如果你年龄太小或者太紧张不能跳伞，那你可以在立式风洞中找找跳伞的感觉。而且让人放心的是，风洞中有安全网。

编队跳伞

有经验的跳伞运动员常常组队在空中进行一些简短但壮丽的特技表演，比如在空中摆出如图所示的钻石形图案。自由落体编队表演的世界纪录是由 400 个人在 2008 年共同完成的，他们在空中摆成了一个螺旋形，并保持这个形状 4 秒有余。

在大多数国家，你必须年满 18 岁才能练习跳伞（或者年满 16 岁，且有父母许可）

有趣的自由落体

如果你以为这世上不会有比跳伞更疯狂的举动了，那么你可以试试这些……

空中跳船：这是一项坐在一艘小独木舟里进行的跳伞运动。

空中滑板：这项运动需要把跳伞运动员绑在滑板上，并在空中表演跳跃和翻滚运动。他们御风而行，就像帆板运动员乘风破浪一样，只不过在他们的脚下没有水罢了。

飞翔翼：在这项运动中，跳伞运动员身穿一种特殊的服装，在他们展开的双臂和两腿间连有大块的布料，可以在风中减慢他们下降的速度。不过在他们着陆之前，还是要打开降落伞的。

这里有 100 个跳伞运动员哦！

……不过，在澳大利亚，只要年过 14 岁就可以了。

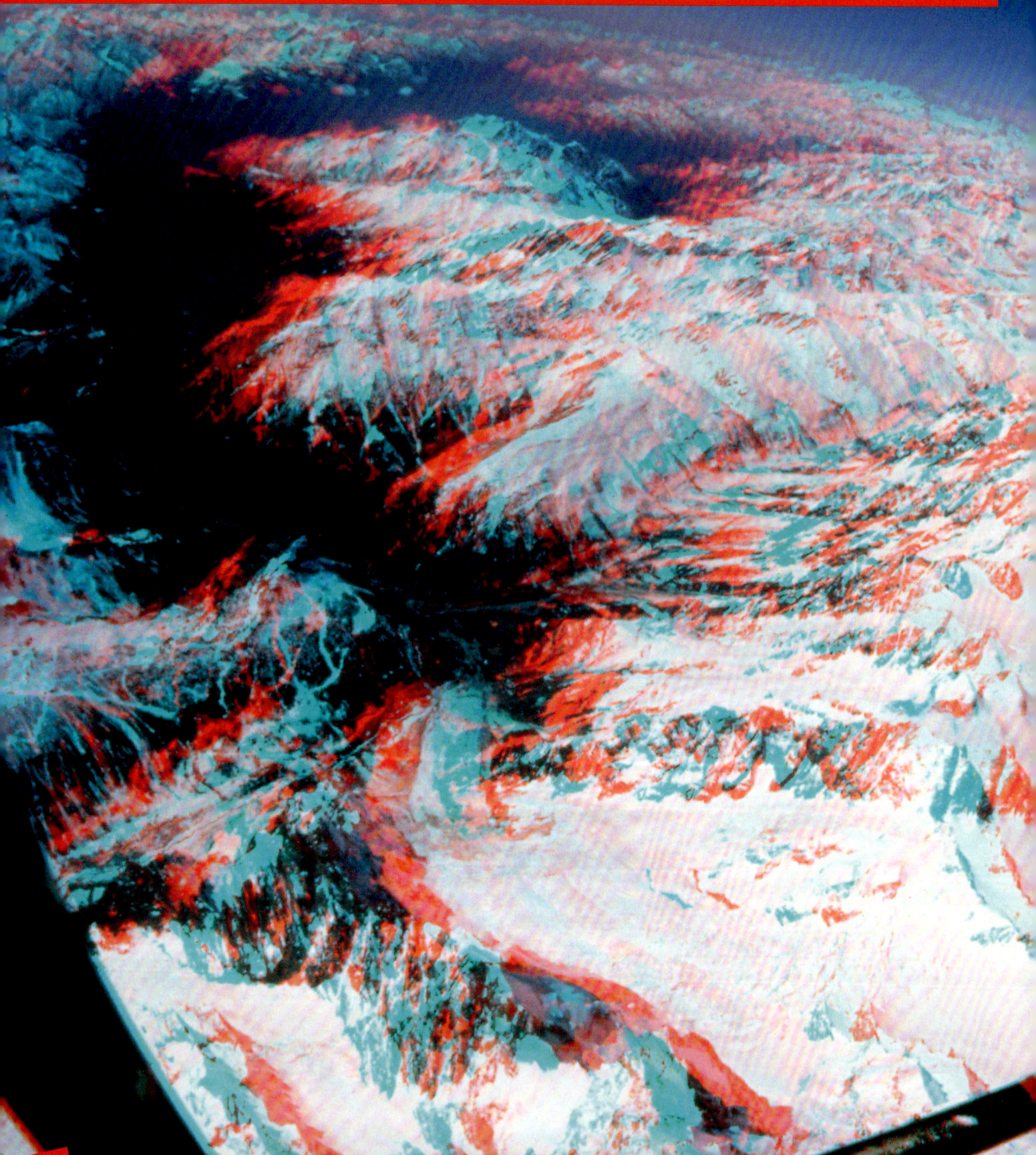

在跳伞运动员打开降落伞之前，他们正以 200 千米/时的速度向地面俯冲。

让人惊叹的是，即便他们的降落伞没能顺利打开，他们仍有可能死里逃生。

战胜森林大火

一堆营火、一道闪电……就能轻易点燃一场森林大火。大火顺着枯萎的草木迅速蔓延，卷起滚滚浓烟，令人窒息。火场的温度可以迅速飙升至800℃。数千公里内，植被、动物、家园和人都面临被吞噬的危险。

怎么办？报火警！

一位消防员正在扑救美国科罗拉多州的一场熊熊山火。

火焰的温度比披萨炉的温度高四倍。

火三角

燃烧需要同时具备三个条件：燃料、高温和氧气。消防员只要把这三要素中的任何一项消除，大火就会被扑灭。

高温
燃料
氧气

森林面积约占陆地总面积的30%。而这些森林

如何扑灭森林大火

消防员可以将一条长长的软管拖到火场边缘，然后用水对着火焰猛冲。这样可以**降低**树叶和树枝的温度并**阻断它们和氧气的接触**。

还有一种办法就是砍倒火场周边的树木，形成一道防火墙。这时消防员可以点燃防火墙中的一棵树，使整个防火墙区域内的树木燃烧起来，当火场中的大火蔓延到这里时，**燃料燃烧殆尽**。这时火焰就会逐渐熄灭。

有时，消防员也会用直升机舀**一大桶水**，或者大量的阻燃剂，然后把它们浇在火焰上。

火可能是有用的

如果森林大火烧到了路边或房屋，那将会带来灾难性的损失。但是，大火也是森林生命周期的一部分，烧掉衰老、死去的树木可以为新生的植被腾出空间来。因此，在有些地方，人们会故意引燃一些小型山火，并将火势控制好，这样可以避免大型灾难性的森林火灾出现。这就是所谓的**规划内预防火**。

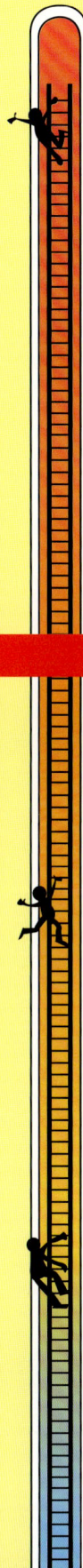

多热才算热？

5500°C
太阳表面的温度

1370°C
钢铁熔化的温度

800°C
森林大火的温度

649°C
消防员身上的衣服可以在短时间内承受的高温

300°C
树木的燃点

110°C
非常高的桑拿浴温度，这是人裸体时所能承受的最高温度

100°C
水的沸点

37°CF
人的体温

32°C
黄油融化的温度

0°C
冰点

消防设备

消防车可以将消防员和水运送到火场。车上还有一个水泵，可以将水从消防水管中泵出去。一个水泵可以同时连接多根水管。

消防员的衣服叫作消防服。它的裤管是套在靴筒外的。在紧急情况下，消防员可以直接跳进靴子里，然后将靴子向上一提——速度快极了！

消防车上的消防梯长逾30米，可以升到高层建筑的窗前。

消防车上装有三百多米长的水管。

动物大逃亡

在森林大火中，动物们四处奔逃、飞散，或在地上打洞以求幸存。

这只考拉是在 2009 年澳大利亚的一场森林大火中被消防员救下的。它的双足受伤，因此被送到野生动物中心接受治疗。

与火魔搏斗

还有几种类型的火灾也比较常见，它们是：

垃圾：

未经清理的垃圾堆和着火的垃圾场尤其危险，这时消防员需要弄清楚垃圾堆里是否隐藏有什么化学物品，有些特殊的化学物品遇水可以发生爆炸。

要报警吗？不同的国家，火警电话是不同的……

如果有建筑物着火，要马上招呼里面的人迅速逃离。

消防员的衣服是由好几层不同的材料组成的。最外面的一层和赛车手的衣服一样，由耐火纤维织成。其他几层可以防水并帮助消防员承受高温的考验。

头盔极其坚固，并且，后方还围有一块耐火布，以防未彻底熄灭的灰烬落在消防员的脖子上。

呼吸器是由一个氧气罐和一个氧气面罩组成的。氧气罐里的气体可供消防员持续使用 30 分钟——不过如果呼吸太急促的话就不行了。

高层建筑的每层楼都会有消防通道、洒水器和灭火器。当报警器响起时，里面每个人都要迅速离开。如果有人被困，消防员就会用伸缩梯来营救他们。

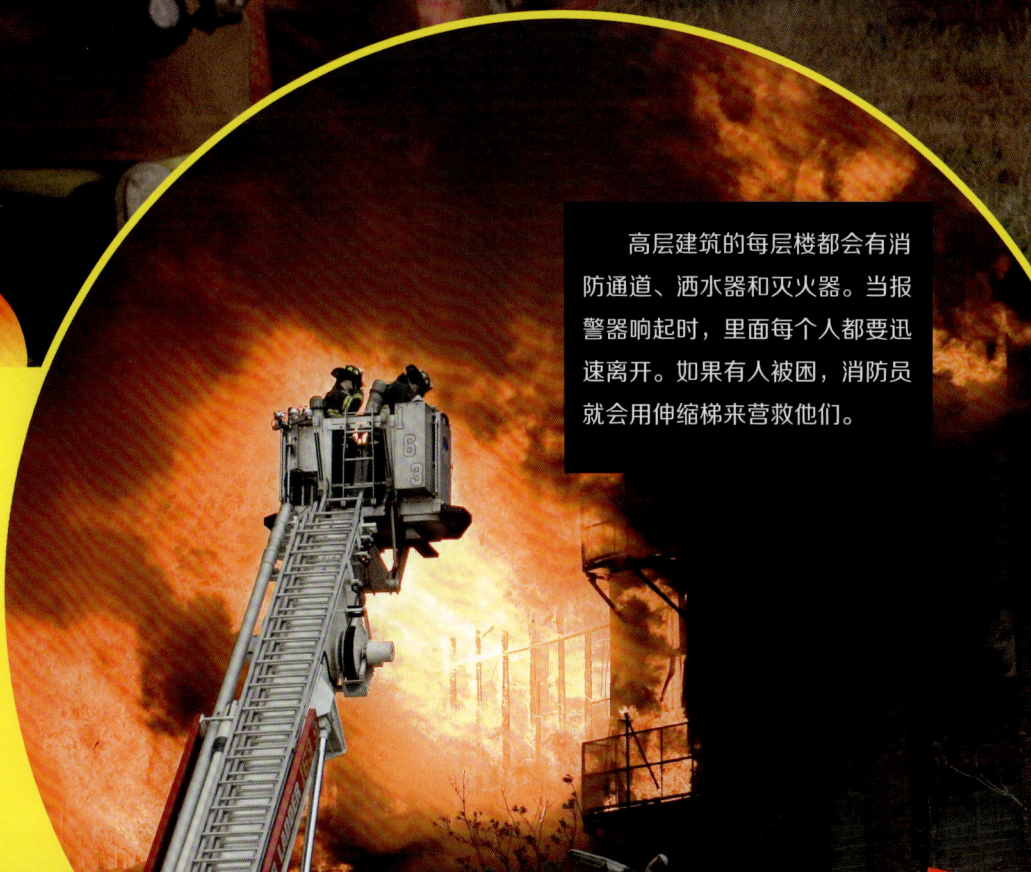

汽车：
汽车着火多是因为漏油、电池故障、机械故障或者部件磨损所致。

你站在高空，面前一根纤细的钢丝伸向远方，除此以外，四周空无一物。你必须从这根钢丝上走过。不管你要在上面表演些什么，千万别向下看！

要想走钢丝，必须要经过艰苦卓绝的训练。 走的过程中，可以借助一根柔韧的长杆帮你掌握平衡。

这根钢丝在离地六十多米的高空中。

高空走钢丝

华伦达家族

华伦达家族世代表演走钢丝。他们勇敢的表演、滑稽的动作令观众激动万分，而且他们经常不使用安全网。

这种在钢丝上行走的艺术就叫作走绷索。

绝技

阿迪力·吾守尔是中国的"高空王子"。2010年7月，他在北京鸟巢体育馆上空的一根钢丝上连续生活了60天，并以每天约20千米的速度在钢索上行走。而这根钢索的直径仅有33毫米。

鸟巢体育馆

杂技表演

走钢丝是一项传统的杂技表演。这个杂技演员正沿着一根倾斜的钢丝向上爬。这根钢丝一端连着地面，另一端连在一根高杆的顶端，钢索和地面之间呈40°角！

神乎其技
......

......而且都是在钢索上完成的!

2010年，杂技演员萨玛特·哈桑在离地数百米的高空中，沿着一根斜拉的钢索上行了700米。而且他的身上没有绑安全绳。

2007年，约翰·特拉伯和小约翰·特拉伯在一个广场上方，40米的空中骑着一辆摩托跨过了钢索。

这个杂技演员在工作时间里，头顶钢索，倒立着表演杂耍。

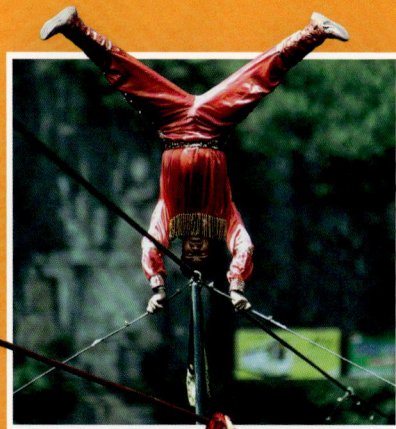

在过去，人们是在绳子上表演的，但是现在换成了钢索或编织带。

扁带越细，
弹性就越好。

一起摇摆！

走扁带和走绷索不同，扁带是一种 2.5～5 厘米宽的扁薄的尼龙织带，它绑在锚定好的两点之间。刚性不佳，即使没风也会上下弹跳，左右摇摆！

⚠️ 危险

高空之中……

扁带通常是用一种长编织带制成的，长度可达 30 米。这根长绳的两端各连有一根短编织带，可以用来把扁带固定在树或石头上。

自由式走扁带所选用的绳索更松弛些，因此，摇晃幅度也更大。

人们在树木、建筑和岩石之间走扁带。

保护措施

如果你失去平衡，安全带可以保证你不至于摔得太惨。

如果你没系安全带，那就千万别掉下去。

走扁带的时候，你会一直在摇摇晃晃中前进，不会有半刻平稳。

破纪录者

一位在迷剑峰走扁带的勇士

走扁带

姓名：斯科特·巴尔科姆
时间：1985 年 7 月 13 日
地点：美国约塞米蒂国家公园的迷剑峰

在迷剑峰走扁带绝非易事，峰顶距谷底有 880 米！而斯科特·巴尔科姆率先在 1985 年完成了这项壮举，走过了这段 16.7 米的路。

花式走扁带也叫低空走扁带，通常选用的是短绳，绑定的位置离地面也不高。运动员可以在上面表演各种跳跃，还可以翻筋斗。

有时扁带离地仅 60 厘米，有时却在 880 米的高空中。

每栋房子、每座大桥、每条隧道、每幢大厦都是建筑工人的劳动结晶。这份工作非常辛苦，需要在高空中作业。工人工作中危险重重，可能被锯子、钻头所伤，也可能被电击而亡，甚至可能从高处坠落。

建筑工人正在为上海环球金融中心的第88层楼安放钢梁。

因为工作场所太高，所以所有的工人都必须绑上安全带。

修筑空中楼阁

一项工程需要很多专业人士相互协作共同完成。工程师按照建筑师的设计进行监工，并解决在建筑过程中遇到的问题。

一位正在使用割片机的工人

吊车司机

建筑工人必须非常小心地避开各种危险：

金茂大厦

建筑工具

现代建筑都是用现代建筑工具修筑而成的。熟手才能用好它们。

安全第一

一个建筑工人的劳保装备包括一顶坚固的安全帽，一件鲜艳的外套，一双手套和一副护目镜。有些建筑工具能产生跟喷气式发动机一样的噪声，因此建筑工人还必须带上耳塞。此外，工人身上还绑有安全带。

头盔

耳塞

手套

护目镜

东方明珠电视塔

射钉枪可以利用引爆火药所产生的动力喷射铁钉。一根 10 厘米长的铁钉能以 427 米/秒的速度射入水泥墙中。

风炮机可以产生极大的力量击碎水泥，同时它也会制造噪声。长时间暴露在 90 分贝高的噪声中可致人失聪。因此，使用过程中需要戴耳塞。

链锯的链条上镀有一层金刚石磨粒，因此极其锋利。它可以轻易切开水泥、砖块和石头。它的链条运转时速度高达 1.5 千米/分，因此带齐护具，小心使用非常关键。

除此之外，要想建好一座大厦，还需要泥瓦工、木工、电工、玻璃工、管装工、钣金工、钢铁工、建筑混凝土浇注工、室内设计师和各种重型机械的司机，等等。

从高空坠物，到天气变化。

迪拜塔

迪拜塔（哈利法塔）是一座巨大的闪着银灰色光芒的建筑，它比周边的摩天大楼都要高，是世界上最高的建筑，除此之外它还创造了很多别的纪录，比如说它也是世界上楼层最多的建筑。

事实档案

施工中的迪拜塔

高度：828 米，将近一千米！

施工人数：
在修建高峰期，工地上每天有 12000 人同时施工。

地基：在塔下的沙漠里埋有 194 根水泥柱，每一根都有 1.5 米宽，43 米长。

速度：塔中有 57 部电梯。它们以 36 千米/时也就是 10 米/秒的速度上下穿梭。

迪拜塔共 206 层，在它的衬托下，周围的建筑看起来简直像侏儒。

当我擦窗户的时候……

你能否想象自己是其中一个擦窗工？如果想把所有的 28261 块玻璃擦干净，这得要 36 个工人，花费 3～4 个月才能完成。如果要把这些玻璃拼在一起，它们的总面积可达 120000 平方米，相当于 16.5 个足球场那么大！而且玻璃反射出的光实在太强，以至于工人只能在建筑的背光面擦窗。

位于第 144 层的是夜总会

位于第 122 层的是餐厅

在 76 层有一个游泳池

多高才算高？
迪拜塔实在是太高了，因此有人说，假如你在楼下已经欣赏过一遍日落，那么你还可以乘坐电梯到楼顶再看一遍！

建造迪拜塔一共花了 6 年。直到 2010 年 1 月它才正式向公众开放……

生活在高处！

这个泳池
横跨滨海湾金沙酒店
三栋高楼的楼顶。

这个泳池坐落在离地190米的高空中。

这是世界上最高的室外泳池（至少也是世界上建在摩天大楼顶上的游泳池中最高的一个），位于**新加坡**。它也是世界上最长的高空泳池。这个泳池的边缘是隐藏式的，长146米，从池中溢出来的水会汇入下方的集水池中。

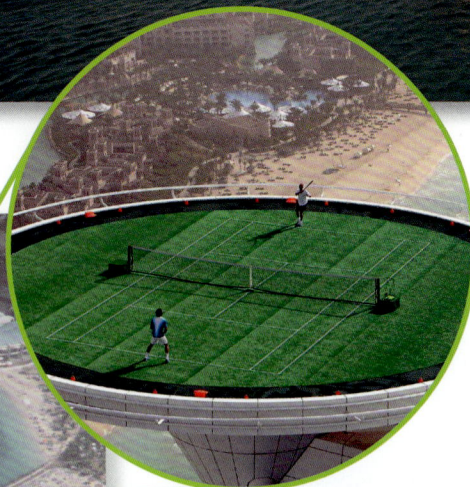

高空比赛

安德烈·阿加西和罗杰·费德勒曾经在迪拜帆船酒店的停机坪上举行了一场特殊的网球比赛。这个停机坪离地有211米。

高空走廊

名字：大峡谷空中走廊
景观：透过桥上的玻璃地板，脚下的风景令人胆战心惊。

这个马蹄形的空中走廊从大峡谷边缘向外延伸了21米，悬于1.2千米的高空中。

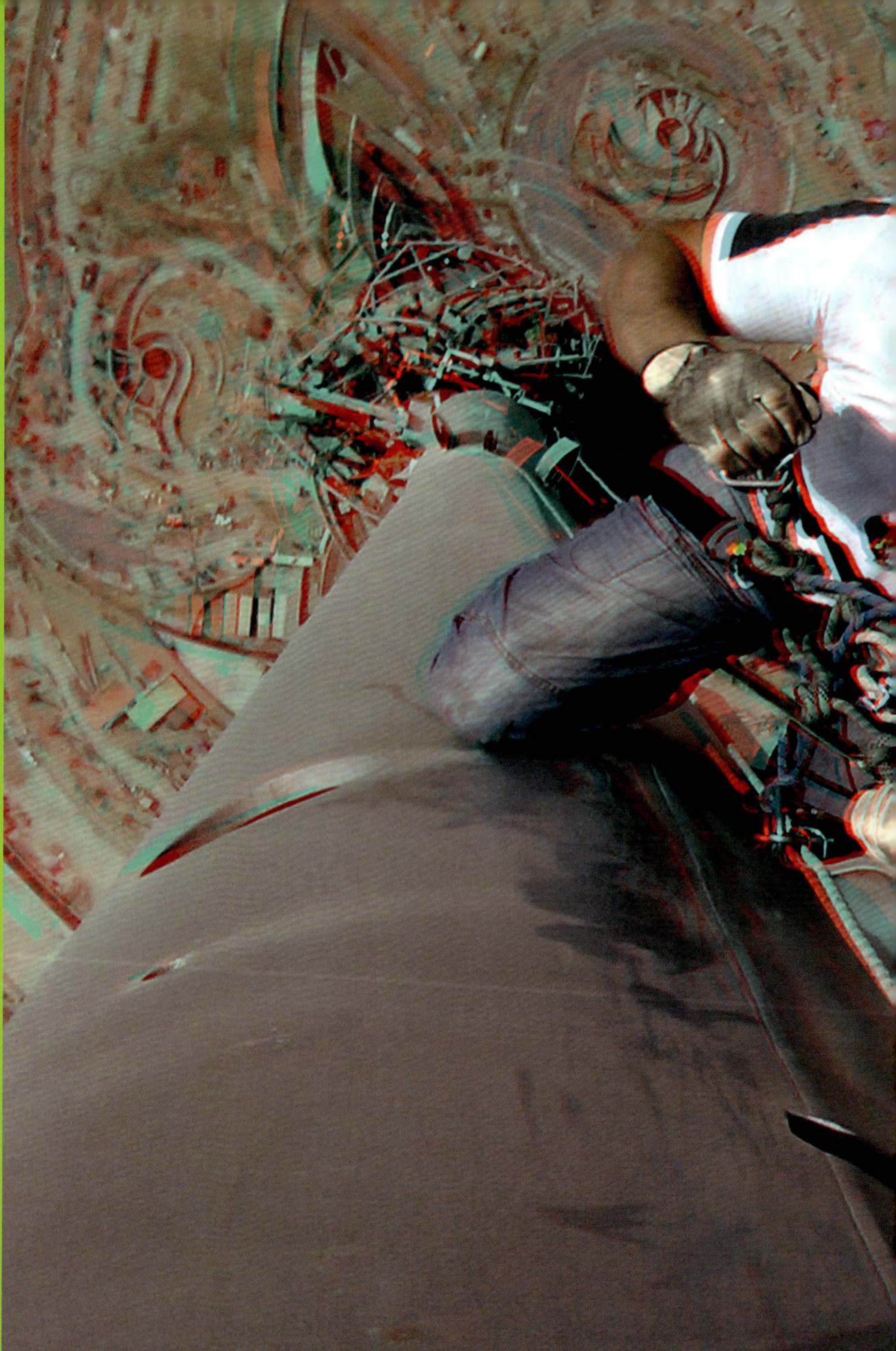

在世界最高楼之巅

这个建筑工人正在离地约 1 千米的高空中，

抓着滑绳给迪拜塔顶安灯泡……

冬日将至，风暴在白令海上肆虐。这看起来并不是个垂钓的好时机，但是勤劳勇敢的阿拉斯加渔夫却跳上了渔船，破浪而去。他们的工作是捕蟹，这是世界上极危险的工作之一，即使坏天气也挡不住他们。

酷寒之海

白令海位于地球北端，俄罗斯和北美洲的阿拉斯加州之间。这里的冬天极冷，有的地方海面甚至会结冰。阿拉斯加的渔夫沿冰航行，而坦纳蟹就喜欢居住在这种冰冷的海水里。

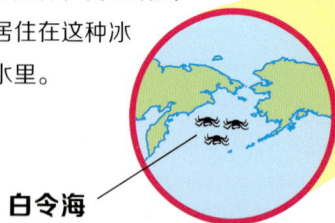

白令海

俄罗斯　阿拉斯加州

美国

大西洋

太平洋

在收成好的时候，渔夫一天的工作时间可达 20 小时。

救命的安保措施！

救生衣： 如果渔船将沉，渔夫可以穿上救生衣。这种救生衣不但防水而且保暖，可以帮助他们在冰冷的海水中坚持数小时，等待救援。

一旦渔夫穿好救生衣，他们就可以仰面躺在海上等待救援。

救生筏： 这些救生筏都有非常坚固的包装。在紧急情况下，渔夫将打开包装的救生筏丢进海里。筏内设有充气罐，会自动给救生筏充气。筏上有棚子，能遮风避雨，而且颜色呈橘色或黄色，鲜艳抢眼，容易被发现。

一位阿拉斯加渔夫正在一次逃生训练中发射遇险照明弹。

收获螃蟹

为了捕蟹，渔夫沿着渔船向海中抛设了大量的巨型金属笼子——蟹笼。每个蟹笼上都有一个浮标。螃蟹会受到笼中食饵的吸引，爬进陷阱而被捕获。几天后，渔夫返回，把蟹笼拉上甲板，倒出里面的螃蟹，把仍存活的成年公蟹留下，把母蟹丢回大海。

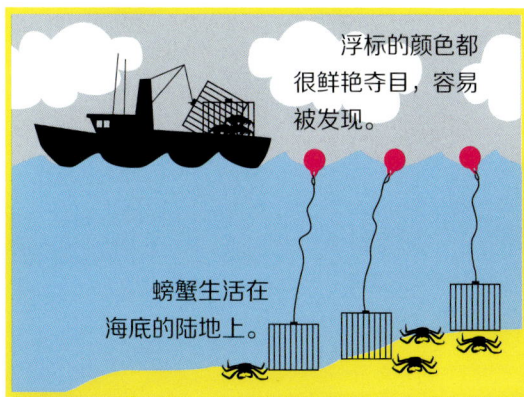

浮标的颜色都很鲜艳夺目，容易被发现。

螃蟹生活在海底的陆地上。

海水的温度只有1℃。如果掉下去，几分钟就能把人冻死。

战争结束后，地雷常常被遗留在战场上。如果有人踩着，它们就会爆炸造成伤残甚至死亡。因此清除地雷势在必行。负责这项工作的就是拆弹专家，他们在接受严格训练后，冒着生命危险，为当地居民的安危而奋斗。

如果地雷突然爆炸，头盔和护目镜可以保护拆弹专家的头、脸、眼睛和脖子。

防爆服可以保护拆弹专家的双肩和胸，使其免受弹片的伤害。

这位拆弹专家在柬埔寨拨开了一个地雷表面的浮土。

地雷

据估计，至今世界上仍有 70 个国家地下埋有未失效的地雷，

地雷！

地雷是什么？

地雷是一种放在地面上，或埋在地下的爆炸装置。如果有人踩在上面或者开车从上面驶过，它就会爆炸。在战后，除地雷外，遗留在战场上的还有很多别的危险物品，比如手榴弹和炸弹。它们统称为未爆物（UXO）。

金属探测仪

金属探测仪在靠近金属时会发出响亮的报警声。有些炸弹里面含有金属，当拆弹专家来回挥舞着探测仪从上面经过时，这些炸弹就可能被发现。接下来他们就会小心轻柔地探查地面，取出地雷。

设警示牌

如果我们已经探知某地区有地雷，就会在这个地区插上警示标志，告知人们远离此地。这些警示牌常常漆成红色，上面用当地语言写着"地雷"和"危险"这样的字样，或者画上一个骷髅头和两根交叉的骨头。

事实档案

动物探雷家

有时候，拆弹专家会用经过特殊训练的动物来探雷。这些动物可以闻到炸药的味道，并向人类汇报。

如果地下埋有地雷等未爆物，里面火药的味道就可能会渗透到周围的泥土中。经过特殊训练的**嗅探犬**可以闻到这种味道，然后停下脚步，坐在旁边，看着拆弹专家把它找到的东西挖出来。

非洲巨型囊鼠的嗅觉极其灵敏。在训练它们的时候，人们有意把炸药的味道和食物联系在一起，这样它们就会努力寻找爆炸物。当它们工作时，身上会穿一件小背心，背心上还系有一根长绳。绳子的另一端攥在它们的训练者手里，负责随时指导它们。

在实验室里，有实验员试图训练**蜜蜂**来侦查爆炸物。他们把爆炸物放在蜜蜂赖以为生的糖水附近。这是试图让蜜蜂把爆炸物的味道同糖水的味道联系在一起，进而成群飞去，歇在上面。

即便是在深海中，训练有素的**宽吻海豚**也可以找到炸弹。海豚在探测炸弹时用的是回声定位功能，它们发出咔哒声，然后利用回声探测出前方物体的形状。

当你踩到地雷，接下来，
你脑子里除了地雷之外
什么都不会再想。

成为专家

你想成为一个**拆弹专家**吗？那么你必须能在高压之下保持镇定，还要拥有一双非常稳健的双手。拆弹专家都是在军队或者拆弹组织中接受训练的。他们在那里学习关于爆炸物和各种爆炸装置的知识，并与时俱进，坚持学习，了解哪些东西可能在未来运用到制作炸弹中去，以及如何排爆。

有一种排爆的方式叫**控制性引爆**。在这种方法中，拆弹专家在地雷上系上少量的炸药和一根长长的导火索，然后他们躲到安全的地方去引爆炸弹。

这辆叫"**土豚**"的拆弹车可以用它前方的锁链击打地面。这样可以引爆它所经之处的一切地雷。而车上的司机则坐在安有防弹车窗和装甲的驾驶舱内。

后方司机的驾驶舱

前方的铁链

SFOR

34916

SFOR
E2M

清除面积约
7个网球场大小范围
内的地雷，"土豚"
只需要1个小时。

拆弹机器人上装有摄像头，可以拍摄到炸弹，

在英国的多塞特郡，为了给这枚新发现的炸弹排爆，周边的 4000 多位居民均被疏散。

老炸弹

　　偶尔我们会发现一些"二战"时期的炸弹。这些炸弹在"二战"结束后被遗留在这里。它们仍然可能带来危险，因此我们派拆弹专家来排爆。

拆弹机器人

　　拆弹机器人 可以拆除炸弹或者把炸弹运到别处安全引爆。由于它们可以远程操控，因此，人们可以免受爆炸的伤害。

龙行者 拆弹机器人非常之小，可以被人背在背上。它能像坦克一样，用履带在复杂的地面上行走。它还有一只长臂，可以在可疑目标周围挖掘，并将其运走。

并将画面传给躲在安全之处的操控者。

洞穴探秘

这儿离地面有50米！

为了深入地下伸手不见五指的岩洞，探洞人或沿长索下滑，或挤入岩间裂缝，在漆黑狭长的通道中滚爬，或涉过冰冷的地下溪流。这是为了什么？这是为了探寻深埋在我们脚下的隐秘世界，为了体验蕴于其中的惊险刺激。

寸寸前移

这个探洞人身上穿有多层保暖服，脚下蹬有防滑靴，头上还戴着一顶有探照灯的非常坚固的帽子。他正拿着他的长索，挤进一个岩洞中。

步步惊心

岩洞中满是狭窄而黑暗的岩缝。脚下潺潺的溪水使得岩石湿滑无比。

为了安全，探洞人总是组团探险，

探洞者正在潜入美国阿拉巴马州的永不沉没洞穴。

洞中扎营

长途跋涉时，探洞者夜里会在洞中扎营。即便是短途探险，探洞者也会带上水、食物和急救箱。这位探洞者正在用他的水壶接洞顶滴落的水滴。

地面下的危险

如果有人被困在深深的地下岩洞中，要想营救他是非常困难的。因此，探洞者个个都非常小心，以免在洞穴中走失，或者掉入深坑中，甚至是被落石砸伤。但即便如此也不能确保安全……

地面结实吗？

有的岩洞非常湿滑难行，但这不算最糟，更可怕的是踏空！溪水会在流经之处留下沉淀物，其最上面一层是一种叫**流石**的矿物层。它看起来非常结实，但实际上那只是一层硬壳，就像池塘上漂浮着的薄冰。

这位探洞者正光着脚小心翼翼地在流石上爬过。

屏住呼吸

有些洞穴空气不好。蝙蝠的粪便、腐烂的食物、喷发的火山甚至岩石本身都能散发出致命的气体，使探洞者**晕晕乎乎**甚至**失去意识**。有些探洞者利用火柴来检测空气中二氧化碳的含量。如果火苗很小甚至没法点燃就意味着危险，探洞者应当立即转身离去。

天气如何？

如果你在地下，地面上的气候就与你无关吗？大错特错！探洞者要时刻警惕地面上的暴雨。**大雨时**，雨水可以快速流入地下的通道中，将下面的人困住。

并时不时告诉自己的搭档他们打算去哪，预计何时返还。

破纪录者

姓名：努诺·戈麦斯

纪录：世界洞穴最深下潜纪录（和世界最深潜海纪录）

努诺·戈麦斯出生在葡萄牙，14 岁时移居南非。就是在那儿，他初试洞穴潜水，并在 1996 年打破世界最深涵洞下潜纪录——在 Bushmansgat 溶洞中下潜了 282.6 米。这个洞非常之深，以至于在他下潜的过程中身上的两个潜水灯都被水压损坏了。努诺还打破了世界最深潜海纪录。在 2005 年 6 月，他在红海中潜到了水下 318.25 米的深处。

潜水员正在墨西哥一个溶洞构成的迷宫中探险。

走失的潜水员

在 1991 年，曾有潜水员在委内瑞拉一个被洪水淹没的山洞中探险。他游过长且黑暗的洞穴，双脚激起的浪花，搅起了洞中的泥土，使得眼前的一切难以分辨。很快，他就迷了路，并和他的伙伴们失去了联系。

和他一起探险的朋友请来了洞穴潜水的专家史蒂夫·杰拉德和约翰·奥尔沃夫斯基来搜救他。两位专家从美国佛罗里达飞来，等他们到达洞穴时，这名潜水员已经失踪了 36 小时。搜救人员对于成功救出探险者已不抱太大希望。可他们仍然展开了行动。水中光线很弱，但他们仍在努力搜寻。最后，当他们挤入一个地洞，从水中浮起进入洞顶的气室中时，居然发现还有别人！那位潜水员也在那儿，他还活着！就这样他们把他安全地营救了出来。

仅限专家！

洞穴潜水比单纯的洞穴探险或者潜水要危险——如果没有足够的空气又陷入昏暗的迷宫或被洪水淹没的洞穴，那便在劫难逃。因此洞穴潜水家会一边潜游一边释放潜水绳，以便可以沿绳索游回。而且他们会频繁地检查自己的氧气罐，以确保能安全返回。

研究洞穴的学科叫作洞穴学。这是一门研究洞穴的形成、

迷人的洞穴

没有什么能比在世界上最危险的洞穴中探险更让人有成就感了。比如下面几个洞穴……

最长的……

猛犸洞穴：在美国的肯塔基州，猛犸洞穴是已知的世界上最长的洞穴，已被探明的通道长逾 630 千米。步行需耗费 130 小时方能穿越！乍一看，通道内似乎没有生命迹象，但据揣测，从蝙蝠到盲鱼，洞中有 200 个物种，它们已进化到适宜在黑暗中生存了。

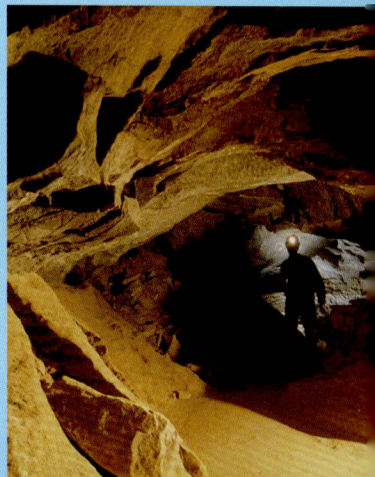

最深的……

库鲁伯亚拉洞穴：在乔治亚州，如果你想去库鲁伯亚拉洞底，你需要下降 2191 米。这个世界上最深的洞穴，它的通道冰冷、泥泞、狭窄且陡峭。库鲁伯亚拉洞穴也被称为 Voronja 洞穴，在俄语中它的意思是"乌鸦之穴"，因为在洞穴的入口处有大量的乌鸦巢。

最热的……

如果你想拜访墨西哥的**奇瓦瓦奈卡矿**（"水晶洞"），那么你必须穿上一件里面灌满冰块的外套！在这个洞穴中充满了极其湿热的空气。如果将这些气体吸入体内，那么它们就可以在探险者的肺内凝结（变成水），而这种变化是致命的。为了防止这一现象的发生，探险者必须使用呼吸器，以便获得凉爽干燥的空气。

防水式潜水灯

组成、演变和洞穴生命的学科。

水晶洞

墨西哥的水晶洞是因矿工的偶然闯入而被发现的。

洞中有些水晶长逾 10 米。

有些蛇会在它们咬住猎物的时候，向对方体内注射一种致命的毒液。这些毒液可以致命。不过如果你在被咬后注射抗蛇毒血清便有可能幸免于难。抗蛇毒血清是用毒蛇自身的毒液制成的。而捕蛇者的工作就是获取这些毒液。

这条菱背响尾蛇的尖牙上滴出的就是蛇毒。如果被这条蛇咬伤而不予以救治则可丧命。

收集蛇毒

蛇毒储存在毒蛇的头部，眼睛的后方。要想提取蛇毒，首先要在一个玻璃杯上铺上一张塑料膜。然后抓起一条蛇，握住蛇头的两侧。让毒蛇咬穿塑料膜，然后从它中空的尖牙中把蛇毒射出来。

制备抗蛇毒血清

将玻璃杯中的蛇毒冷冻成晶体。然后训练有素的技术人员（他们都戴上了保护面罩，以防吸入蛇毒）会把玻璃杯上的毒素结晶刮下来，再把它们送到实验室加工。接下来，将小剂量经过加工的蛇毒注入马的体内。这不会对马造成伤害。因为马会产生相应的抗体，保护自己。然后，就像献血一样，从马的体内抽出一些血来。从这些血里可以提炼出抗体，经过净化之后就变成了抗蛇毒血清，用来救治人类。

36

从毒蛇体内获取蛇毒的过程就像"挤奶"。

首先，抓蛇

除了有些制造抗蛇毒血清的实验室会自己养蛇外，其他的蛇都是从野外抓来的。捕蛇专家在抓蛇的时候会使用一种前端带钩子的长棍。他们首先会在蛇的头顶挥舞长棍，趁蛇的注意力被分散，快速抓起蛇尾，并用钩子钩住蛇头，然后放入袋中。

致命的毒蛇

下面例举了一些世界上最毒的蛇：

老虎响尾蛇 美国

这种蛇的头部有热感应颊窝，因此即便是在黑夜，它也能感应到热血动物。在它的尾部有一个摇响器，警示你它在哪。

鹰钩鼻海蛇 印度洋和太平洋

这种蛇长了一条扁平的尾巴方便游泳，还长了鼻孔，在水下的时候可以屏住呼吸。尽管它毒性极强，却只有在感到威胁的时候才会发起攻击。

蝰蛇 印度、斯里兰卡、巴基斯坦

蝰蛇生活在草丛和稻田中。农夫在种植和收获庄稼的时候常常被它咬伤。

内陆太攀蛇 澳大利亚

这是世界上最毒的陆地蛇，但好在攻击性不强。喜欢吃老鼠一类啮齿类动物。它通常会先咬猎物一口，然后等它死了再享用，以免伤到自己。

非洲树蛇 非洲南部

非洲树蛇可以长到两米多长。它生活在树上，用它棕绿相间的皮肤伪装自己，然后趁人不备发起攻击。

黑曼巴蛇 南非

黑曼巴蛇喜欢成对生活或群居。这种蛇非常胆小，有人靠近就会躲开。但一旦受到威胁，它就会立起身子，摇晃着脑袋，然后迅速发起攻击，再逃之夭夭。

在取过三次蛇毒后，蛇会被放归野外。

被蛇咬后会发生什么？

即便是毒蛇也不会每次在咬住猎物时都喷射蛇毒。但是，一旦中了蛇毒，就会带来各种临床表现，不同的蛇不一样。常见的症状有这样几个：

头疼
呕吐
复视
胃疼
瘫痪（动不了）

我感觉不妙！

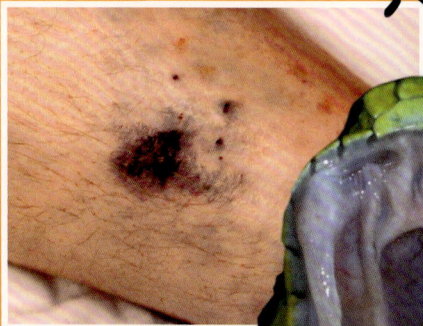

这是响尾蛇的牙印。

你想知道蛇毒的本质吗？

- 蛇毒其实是唾液的一种。
- 一单位的抗蛇毒血清需要采上百次的蛇毒。
- 抗蛇毒血清中的抗体可以中和蛇毒。
- 有些蛇毒价格昂贵，每克超过1800英镑。

树蝰蛇

世界各大洲都有毒蛇生存，除了南极洲之外。

表演者可以保持这个姿势长达数秒。

你真的想和动物一起工作吗？
下面这几种，恐怕你不会想尝试。

鳄鱼摔跤手

没几个人敢试着和鳄鱼一较高下，不过有人以此为生。鳄鱼摔跤手可以攥住它们的尾巴，把它们举起来，甚至把自己的头放在鳄鱼嘴里。这里面有个小技巧，就是在鳄鱼的脑袋边不停地晃动一根小棍，使它处于恍惚状态，这样它就会一直张着嘴了。

在泰国的芭提亚，动物园的工作人员表演鳄鱼摔跤来取悦游客。

驯牛

牛圈骑手

在牛仔表演中，骑手们在光背骑马、套小牛和骑牛这些项目上进行角逐。他们首先在一个小圈里面爬上牛背或者马背，然后，圈门打开，牛或马喘着粗气奔入竞技场。骑手单手握住缰绳，但仍坚持不了多久。一旦坠落，他们就有骨折或者被牛践踏、顶撞的危险。

骑手需要在牛背上待满8秒。

捕狗者迅速收紧套索，以免被狗咬伤。

愤怒的公牛会袭击骑手，所以为方便骑手逃开，牛仔小丑会转移牛的注意力。

大型动物兽医

当动物保护区的野生动物生病时，当地的兽医就会去为它诊治。不过如果生病的是狮子那样危险的动物时，这个兽医就得异常勇敢了！在靠近这些动物前，兽医就得向这些动物发射镇静剂。

现在可以为这头狮子治病了。

一头狮子突然扑过来，用它的利爪紧紧按住猎物，然后咬了一口……

牙疼怎么办？

捕狗人

捕狗人的工作就是抓住流浪狗，把它们关进狗舍，直到为它们找到新的主人为止。大多数狗都是非常友善的，但是有些狗是作为斗犬繁衍出来的，或者曾经受过虐待，这些则需要谨慎处理。捕狗人用一种一端带套索的长杆来套狗头。这样它们就可以和狗保持一定距离，以免被咬伤了。

一个专业的捕狗人逮住了一条流浪狗。

不是所有的动物都那么友善

世界上最致命的动物就是**蚊子**。蚊子可以携带疟原虫，并在叮咬人类之后将它们注入人的体内。疟原虫可以导致发热、不适甚至造成死亡。每年都有数百志愿者为了医学的发展志愿被这种蚊子叮咬、致病。

采集野花蜜也是一种非常危险的工作。这不仅仅是因为可能会被**蜜蜂**蜇到，也是因为常常需要攀爬峭壁或者大树才能摘到蜂巢。在喀麦隆、柬埔寨和尼泊尔这些地方，人们出门采蜜时只带一个浓烟滚滚的火把防身，或者在皮肤上涂上一种从当地灌木中提取的汁液以防蜜蜂近身。尽管被蜜蜂蜇很疼，但是至少要蜇 500 下才会致命。

我们都在电视上看过展现迷人自然风光的节目，但是要想拍到某些动物的镜头则非常需要勇气。野生动物的摄影师和研究者需要在荒野中艰苦跋涉或者在水下待数个钟头，耐心等待那个完美的镜头。而且你永远也不会知道，你努力搜寻的那些**危险动物**什么时候会悄悄地出现在你身后……

你想知道**鲨鱼**的生活习性吗？要想找到这个答案，你就要和它们在水中共舞。一定要待在安全笼中观察哦！

鳄鱼嘴的咬合力度是所有动物中最强的。

冰雪卡车行

当路上覆满白雪时，许多司机都会选择待在家里。但如果你是一个卡车司机，在寒冷的季节里，在结了冰的路上，开车只是你工作的一部分。在北方通往阿拉斯加州、斯堪的纳维亚、西伯利亚和加拿大的路上，卡车司机顶着大雪，冒着严寒给远方的社区运送食物和燃料。或者给矿场和气田运送钻头或泵。这是一趟苦差事，但总得有人去做。

西伯利亚冬日的道路
卡车将巨大的管道送到冰雪覆盖的西伯利亚气田。

大轮胎上深深的钩纹可以在冰雪上产生巨大抓力，以免发生飘移。

加拿大范儿：建造冰雪之路

每一年，在加拿大北部都有维修队在结冰的湖面上修路。这些路有 500 多千米长，一直修到与世隔绝的小村庄和钻石矿场。

清扫道路
如果大雪覆盖了冰面就会使冰面变暖。如果把路面的雪清理干净就可以使冰结得更快更厚。

测量冰雪厚度
冰路对于过往的车辆有重量要求。为了制定这些标准，测量队运用可以穿透冰面的雷达或者一种叫凿冰器的钻头来测量冰的厚度。这个凿冰器和科学家在南极洲凿洞研究冰层的钻头一样。

每修 1 千米冰路花费逾 13000 英镑（约合人民币 11 万元）。

在西伯利亚，
冬天温度可以
降到 -50℃ 以下。

道路安全

当你在冰路上行驶时，有几点你一定要注意……

危险

4 米卡车

冰层

1 米冰面

冰水

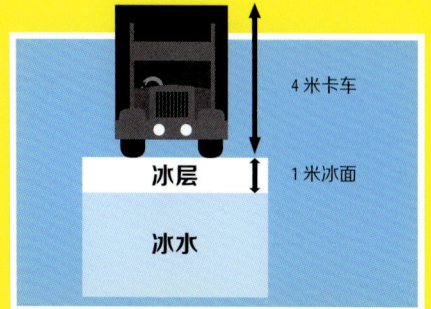

一辆满载的大卡车可以重达 32 吨。如果要安全行驶，它们需要 1 米厚的结实冰面。

如果卡车不能**保持匀速缓慢行驶**，车轮就会激起冰面下的水花。这些水花在车头下激荡，可能会导致岸边的冰块碎裂。

MAXIMUM 50

加厚冰面

修路队将湖里的水抽出来，洒向冰面，等水一点点结冰。有时，他们也会将水喷洒到空中，让它们产生冰晶，坠落到地面，这样冰会结得更快些。有时，他们还会在路上铺上网纱，然后将它们冻在冰路上。

当车轮驶过冰面时，会产生细小的裂纹，那种声音听起来就像玻璃碎裂一样。

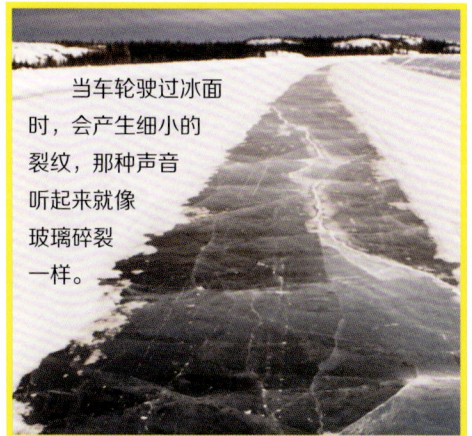

但是不修，物资就只能靠空运，这样花费更贵。

离地面上百米，呈大字型攀在峭壁上。手指紧抠着岩缝，全部的注意力都集中在面前的岩壁上，些微失误即会粉身碎骨。

游绳下降

一旦攀到顶峰，就要准备下降了。其中一个下降的方法就是使用游绳——也就是利用一根固定在顶峰的绳索下降。游绳会穿过一个保护装置，这个装置可以防止攀岩者下降得过快。

不系安全带、绳索、锚定装置**独自攀登**是攀岩的终极挑战。由于没有保护装置，稍不留神她就可能会摔落地面。她所依仗的只有一双好鞋，一包白垩粉，她的技巧、力量和判断。

抱石运动需要在巨石上攀登、侧移。和长时间的攀岩相比，它更考验技巧和解决问题的能力，而不是耐力。有时候抱石者在身下放上气垫，以防坠落。

攀岩

尼泊尔的安娜普尔娜峰是极其危险的山峰之一，

重重险境

坠落

为了防止自己坠落，攀岩者用绳索把自己拴在岩石上的一个锚钉上，或者两个人一起攀登，在攀登的时候一次只有一个人在爬。

落石

即使只是一小块落石也可以带来伤害。因此，攀登者经常会戴头盔。

中暑

在岩面上少有遮荫处，攀岩者涂上防晒霜并带上水以防脱水中暑。

坏天气

攀岩者需要关注天气，在风暴天干燥的峡谷会变成河流，将攀岩者困在悬崖上。

双臂酸痛

在攀岩的过程中，攀岩者的双臂常常需要使出洪荒之力，这会导致产生乳酸，导致疼痛，因此你会常常看见攀岩者需要摇摇他们的胳膊，才能继续攀登。

攀爬装备

如果没有准备好装备，千万不要去攀爬，一定要搞清楚怎样使用这些装备。

绳索

对大多数攀爬项目来说绳索是最重要的装备。绳索也分很多种：

动力绳是一种弹性非常好的绳索。它的弹性越好，攀岩者在坠落时受到的震动就越小。但是这也同样意味着攀岩者会坠得更深，这样会增加他们撞上岩石的概率。

半静力绳的弹性就不那么好了，它是作为游绳用来下降的。

干绳可以防水，在寒冷的天气里它们不会被冻硬，因此常常用在登山运动中。

制动器

如果攀爬者把绳索穿过制动器，那么当攀爬者坠落时，它就会起到一个类似刹车一样的作用。

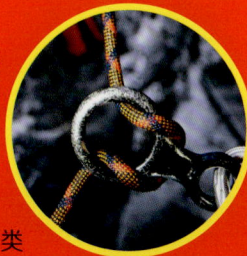

弹簧凸轮、

螺母、转轮、吊索这些设备都可以固定在岩面或岩缝里，它们可以引导攀爬者置绳还可以在攀爬者坠落时，承担他们的重量。

摩天大楼攀爬者

有些攀爬者把攀登带上了一个新高度。阿兰·罗伯特是一个著名的法国攀登者，他有一个广为人知的外号叫"蜘蛛人"，因为他喜欢攀登摩天大楼。然而，长年的攀爬和飞檐走壁，使他的手指永远的弯曲畸形了。而且在高层建筑陆续拔地而起后，他也逐渐滋生出了恐高之心。

对某些人来说，**这只是一天的工作量。**风力发电机组的工作人员、电力巡边员、电话工程师、建筑工人和树木修整专家常常需要学习攀爬和游绳技巧以便爬到高高的树杈、电话电缆和发电机马达上。

白垩粉

攀爬者常常随身带一包白垩粉。他们把这些粉涂在手上，用来吸汗或者帮助他们更好地产生抓力。

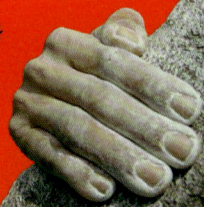

已经有超过 50 人死在登顶的途中。

随时可能会有岩石坠落，击中攀登者，使他们失去平衡。

进入危险区

攀爬是一种危险的爱好！攀爬的过程中，上方的岩石可能会崩裂。松软的雪层随时可能雪崩。在山上，天气易突变，即使是最坚定的攀登者也会因为浓雾和暴风雪而被迫返程。

在爬过冰川上的裂缝时，攀登者可能需要用到绳索和折叠梯。

冰上行

有时候登山员会发现他们被冰面上巨大的裂缝挡住了去路。这些裂缝可达 20 米宽，45 米深。

露营

有时候需要持续数天攀爬（即：大岩壁攀登），这时攀爬者就需要在峭壁上露营。想象一下，在狭窄的岩缝上建一个临时营地，睡在迷你帐篷（吊帐）里。如果没有岩缝，攀岩者就会在岩壁上挂一个单点吊帐，然后睡在里面。

在高山上，温度可低至 -26ºC，因此登山员会穿上数层防风防水服来保暖。在高海拔处，氧气浓度稀薄，这可以造成高山病，使得登山员头晕、疲乏、不适，不得不回到低海拔处，以便恢复。

个人挑战

登山者常常给自己设置一些挑战，比如说，爬遍阿尔卑斯山上所有海拔超过 4000 米的高峰。其中一个终极挑战就是这七大高峰。

1953 年，人类首次成功登顶世界最高峰 —— 珠穆朗玛峰。

攀冰

攀冰不是一件易事。冰面异常的滑，伴随着冰面的不断融化、再结冰，路线必须不断调整，攀岩者的绳索也随之不断变动。图中这个攀冰者握着的是两把冰斧。她挥舞着这两把斧头，把它们凿进冰里，然后再用力登上去。

这种金属钉子叫作冰爪，可以帮助攀登者更好地前进。

营救

登山家克劳德·拉特曾经在美国阿拉斯加州的德纳利国家公园登山。在攀爬的过程中，他不慎从一个陡坡上坠落，一路翻滚乱撞，等到停下来时，已经离原地有600米了。尽管脸部、腿、脚踝受了伤，但他仍然活着！他的卫星电话也仍然能用，所以他拨打了911。然后等待救援。

公园的警卫花了3个小时才找到受伤的他。他们把他放在担架上，然后把他先升回到山顶，再降到山脊另一边的警卫营地，等待直升机将他送到医院救治。

这**7座高峰**分别是它们所在大洲的最高峰，它们分别是：

北美洲 阿拉斯加州的麦金利山：6194 米

非洲 坦桑尼亚的乞力马扎罗山：5895 米

南美洲 阿根廷的阿空加瓜山：6960 米

南极洲 文森山：4892 米

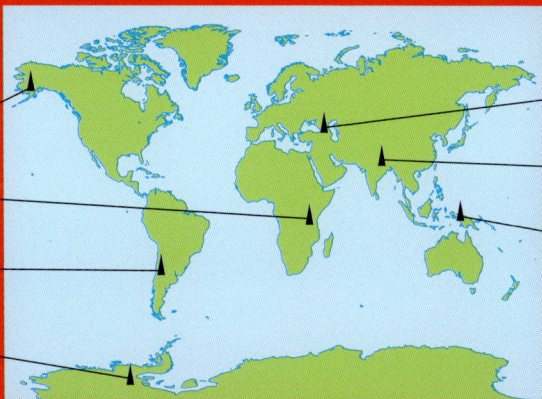

欧洲 位于俄罗斯的厄尔布鲁士山：5642 米

亚洲 珠穆朗玛峰：8844.43 米

大洋洲 位于新几内亚、印度尼西亚和阿达里亚的大陆架上的查亚峰：5029 米

这一历史由登山家埃德蒙·希拉里和丹增·诺尔盖创造。

正在美国科罗拉多州大 OL'OPRY 顶峰的汤米·卡德维尔·尼尔斯。

北美洲

汤米是世界级的登山选手，为了登山他已经丢了半根手指。

作为一个深海潜水员，**并不是每天都能回家的**。他们在深海里工作，呼吸着一种特殊的混合气体。他的问题在于，如果他快速升到海面，就会患上减压病，这种病会要了他的命。因此在每次返回前，他必须在一个花园凉亭一样大小的减压舱中待一个月。

这个潜水员正在用一种水下焊接设备焊接这根管道。

一旦组织中的气体完全饱和，

加压生活舱

不需要在外潜水时，饱和潜水员就会待在加压生活舱里。加压舱里的压力和他们工作处的压力相同，因此，这些潜水员只需要在他们的工作结束后把体内压力调整到正常就可以了。这些加压舱放在辅助船上，潜水员每次换岗后就通过潜水钟返回到加压生活舱内。

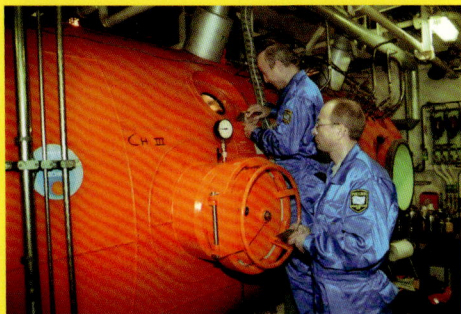

这个加压生活舱被放在巴伦支海上的一艘船上。

减压病

减压病是由潜水员上浮速度过快而造成的。

潜水员所呼吸的气体是氦气和氧气的混合气体。伴随着下潜深度的加深，水压就会迫使血液中的气体进入周围的组织中，直到饱和。

如果他上升的速度过快，气体就会再析出来，形成气泡，这就像你打开气泡水的瓶盖一样。这会产生剧烈的疼痛。避免减压病发生的关键在于上升的速度要慢，避免气泡形成。这种方法叫作减压术，有时需要花费数天。

危险

一个潜水员需要多长时间减压，这取决于他潜了多深，并且在那个深度待了多久。只要在水下待的时间超过数小时，那么减压的速度就大约都是一天 15 米了。

深海潜水员常常在水面下 90 米甚至更深的地方工作。

潜水钟

潜水钟就好比海底和海面上的加压生活舱之间挂在揽绳上的一个电梯。它又小又窄，一次只能运载两到三名潜水员往返于生活舱和工作海域。

潜水员就可以安全地在深海下工作数天了。

他们到底潜多深？

◎ 呼吸空气的水肺潜水员——40 米
◎ 水面供养潜水员——50 米

100 米

200 米

300 米

400 米

500 米
◎ 饱和潜水员——500 米

600 米

700 米
◎ 硬质潜水服潜水（潜水员穿着一个庞大笨重的潜水服，潜水服内的压力和水面上的压力相同）——700 米

潜水员正在连接水下的管道

这到底是份什么样的工作？

大多数潜水员都在石油企业工作，负责安装、检查、维修钻探装置和管道。还有的负责打捞沉船、坠海的飞机，或者卡在海底的潜水艇。也有潜水员在船厂工作，负责维修大船的外部设备，或者参与建桥和大坝。甚至还有的是潜水医生，负责给得了减压病的潜水员在水下诊疗。

所有的生活舱和减压舱的墙都是圆形的，

舒适的家

一个生活舱可以容纳 6~8 个人，那里面有床铺、浴室和厕所。他们所需要的任何东西，不论是食物、药品、干净的衣服还是热饮都需要通过层层的密闭阀和门传进来。保证生活舱内的压力在控制水平内是非常重要的，因此，只有外门与大气相通。

潜水员呼吸的气体中含有氦气。这会使他们说话的声音变得尖锐，听起来有些像唐老鸭！

尽在掌控

生活舱内的气体，不管是压力还是温度都是由中央控制台掌控的。

这些潜水员正在生活舱内接受培训。

水面供氧潜水

那些潜到水下 50 米处的潜水员身上都有一根管道连着水面。这根管道可以为他们输送呼吸的气体，并可以用来和控制台沟通。与此同时，潜水员身上还背着氧气罐以防这根管道故障。

等这些潜水员返回水面后，他们会直接走进减压舱，使他们体内的气压慢慢降至正常水平。

一个准备入水的潜水员。

甲板上的减压舱。

因为这种形状最能够抵抗高压。

直升机将你从极其陡峭的雪山之巅放下。除了急速下滑之外，你别无选择。滑雪者俯头直冲，尽他一切所能避免撞到下面的石头、大树，或者掉入裂缝、坠入山崖。

极限滑雪的速度可以高达 80 千米/时

极限滑雪的坡度范围可以从 45° 到 70°

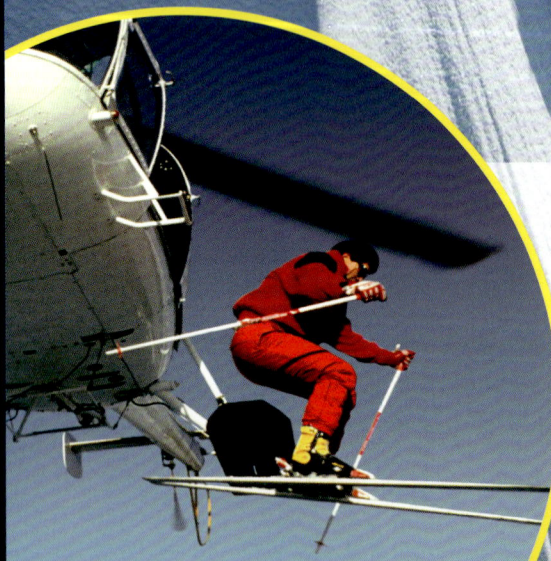

直升机滑雪是把滑雪者用直升机带到一个难以企及的地区，然后让滑雪者跳入松软新鲜的雪中，肆意地滑。

极限滑雪

不论是极限滑雪还是在大山上滑雪，这都要求滑雪者有非常丰富的经验；

穿什么

极限滑雪员身上背着一个雪崩发射器，如果他们被埋在大雪下，发射器可以给他们精确定位。

温暖的夹克衫

头盔和护目镜可以保护滑雪者的头部和眼睛。

靴子既可以固定在滑雪板上，也可以轻松地卸下来。

比赛用的滑雪板要比初学者用的硬多了。

雪崩！ 大量的雪突然从山坡上崩塌，这些雪越滚越多，能把沿路的植被和石头一起卷走，这对滑雪者来说是致命的危险。

雪崩

事实档案

其他类型的滑雪

一个滑雪运动员腾空一跃展示他的自由式滑雪技巧。在这项运动中，滑雪者从斜坡上跳下之后会表演空翻、旋转、转体。1994 年，**自由式滑雪**成为了奥运项目。

雪地风筝是指把滑雪者绑在一个风筝上，让风筝沿路拉着他，甚至拉上山坡，拉入空中。

狗或马拉雪橇，人们举行这项比赛，争得第一。有时候人们给狗穿上特殊的靴子，保护它们免受冰与雪的伤害。

即便如此，滑行的过程中也充满着不确定。这是一种极其危险的运动。

在地下深埋着昂贵的燃料和贵重金属，比如黄金和铂金。为了把它们挖出来，矿物公司挖了深深的竖井和隧道。这就是矿工们工作的地方，他们用强有力的钻头深深地钻入岩层，然后用卡车或者升降机把矿石运到地面。

这个带灯的头盔可以保护他们。

矿工们钻了洞之后，随即在洞里填上炸药。

有的矿工在高度仅90厘米的隧道中工作。

这些南非的矿工开采的是世界上极昂贵的金属之一——铂金。他们在又矮又窄的隧道里工作。为了防止隧道塌方，他们用金属柱支撑隧道顶。

人们想要开采的矿物有：金矿、银矿、铜矿、煤矿、镍矿、石油、天然气、钻石、红宝石、

矿井有多深?

矿井既可以在高高的山顶，
也可以在地底 4 千米以下。

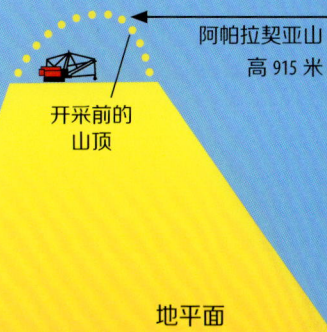

阿帕拉契亚山
高 915 米

开采前的
山顶

地平面

危险的井下工作

在井下工作既黑且脏。在岩壁上钻孔时，
震动之大简直能碎骨，与此同时空气中还散发
着有毒的气体，弥漫着令人窒息的灰尘，温度灼
热，爆炸、着火、坠石时有可能发生。主隧道高
且宽，但更贴近岩面，有时矿工只能爬过去。

一个矿工正在南非一个狭窄的金矿中钻孔。

地热

越深入地下，温度就越高。平均来说，每深
入 100 米，温度就上升 3℃。但是，有时候，浅
处的矿藏比深处的更热，这是因为这些矿藏更靠
近活火山。

地表
平均
温度
15℃

金矿电梯

矿工电梯

有时候我们在山顶开采地表的
煤矿。美国的阿帕拉契亚山就是这
样。有的山在采矿前高度逾 915 米。

竖井型矿是最深的一种矿。
竖井直通地下，并安有电梯运送
矿工上下。世界上最深的矿是南
非的金矿。最深的一个约 4 千米。

岩爆

矿业公司花费了数百万，
想尽一切办法使他们的矿场足够
凉爽，适宜工作。矿石不但经受着
地核高温的烧灼，还承受着它上方岩石
产生的巨大压力。当你在这些岩石中
挖隧道时，这些岩石可能毫无征兆的
粉碎、崩裂。这就是矿工
所说的"岩爆"。

4 千米
深

4 千米深

最深的一个
金矿的底部温
度高达 58℃。

蓝宝石、绿宝石、铁矿、锌矿和锡矿。

一个金矿工人的一天

1 从矿井的顶端到岩面约要一个多小时。首先，矿工要爬进一个电梯一样的笼子里，然后慢慢降到地下。一旦到达合适的深度，他就可以走或者是坐矿车到达他所工作的地方。

大约40个矿工一起乘电梯下去工作。

3 矿工用空气钻在隧道的壁上钻洞。然后在洞里填上炸药，向后退。炸药爆炸会使岩石松动。接下来矿工就会把金矿都掏出来，并倒进一个叫箱穴的杆状物中。

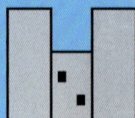

2 矿工组队在低矮、狭窄的隧道中工作。这个隧道叫作采场。他们绕过岩石，沿着满是金矿的岩缝蜿蜒前行。

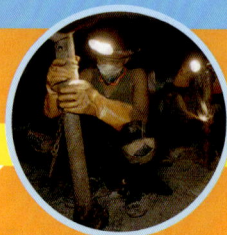

用来支撑隧道顶的金属柱子

一个正在钻孔的矿工

4 金矿坠入打开的车厢中。然后被拖到出口，升上地面。

一节装满金矿的车厢被拖到出口。

被困的33个智利矿工

在2010年的8月，33个金矿工人正在地下工作。金矿突然塌方，矿工被困。

抢险人员在地上打洞搜救他们。在事故发生后的第17天，抢险队员搜出一个钻孔机，上面绑着一个条子。条子上写着："我们33人全都在避难所，活着。"矿工们都活着！

一场大搜救开始了。搜救员在地上钻了个只能容下一人的隧道。然后矿工们依次挤进一个只能容下一人的升降梯，并被绞车拉上地面。全部的33个矿工都获救了。

矿工吉米桑切斯在被困两个多月后被救上来。

高度约7.3米。

为什么要开采黄金？因为黄金不容易生锈变黯，

野兽钻车

这辆**开路的**钻车能在矿场钻开泥石修筑隧道。它前方星形的轮子可以把车下的泥土推到传送带上运走。

它有
12 米长！

大工程

在矿工接近他们想要开采的金矿或煤矿前，需要运走数百万吨的泥土和石头。这些泥石被称为垃圾或者表土。有巨型的机器把它们挖出来，装进卡车，拖进处理厂或者矿场附近的垃圾场。

这种卡车极大，不能在普通的路上行驶。

大卡车

大卡车

矿业公司使用的是世界上最大的自动倾卸卡车。满载之后的重量达 544 吨，行驶速度为 64 千米/时。

这些大卡车正在印度尼西亚的巴都希贾乌铜金矿工作。这个露天矿场有 1.6 千米宽。

上千年前制作的金器，至今仍能保持原样。

太空行走

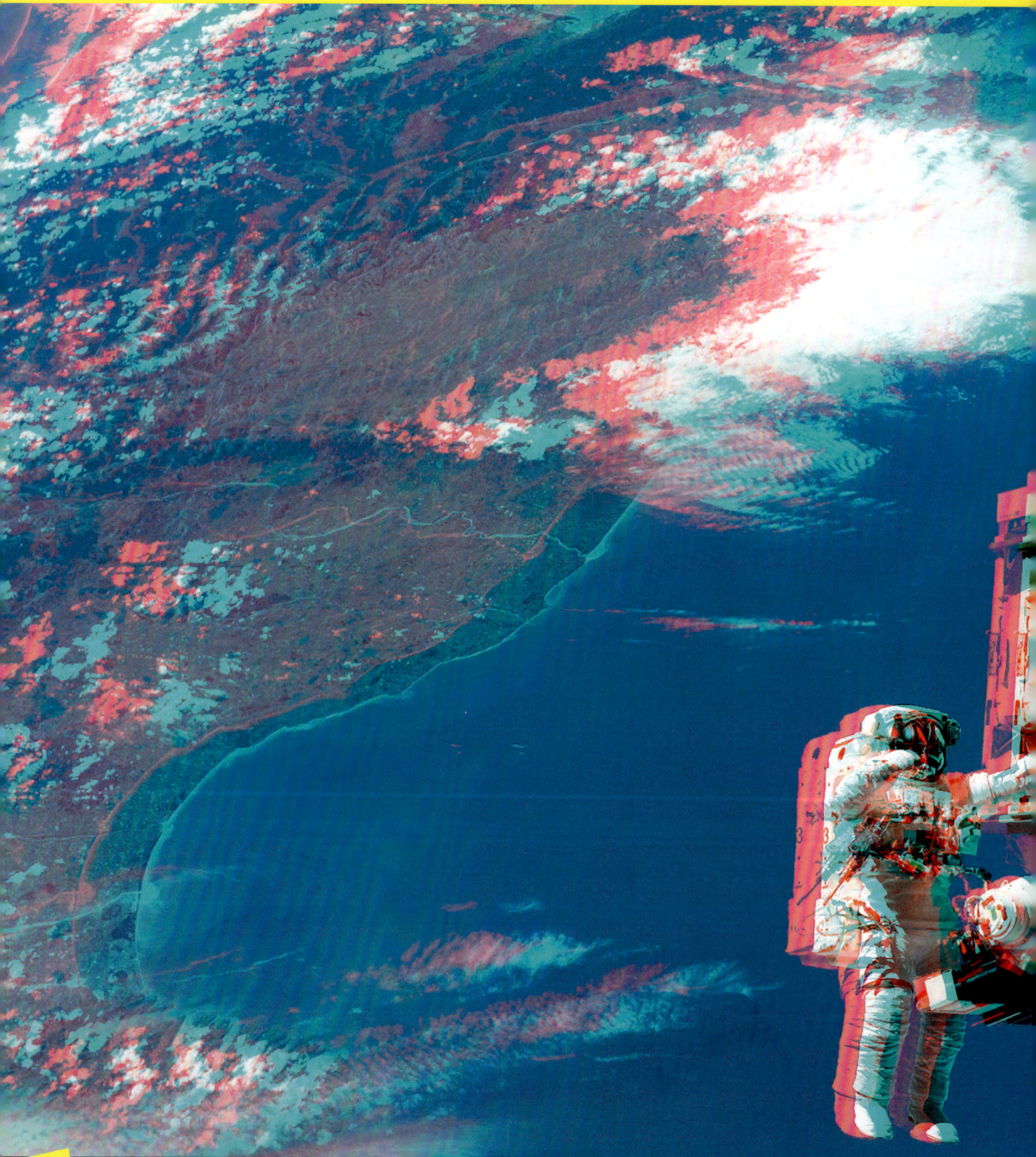

宇航员在国际空间站（ISS）外面工作。

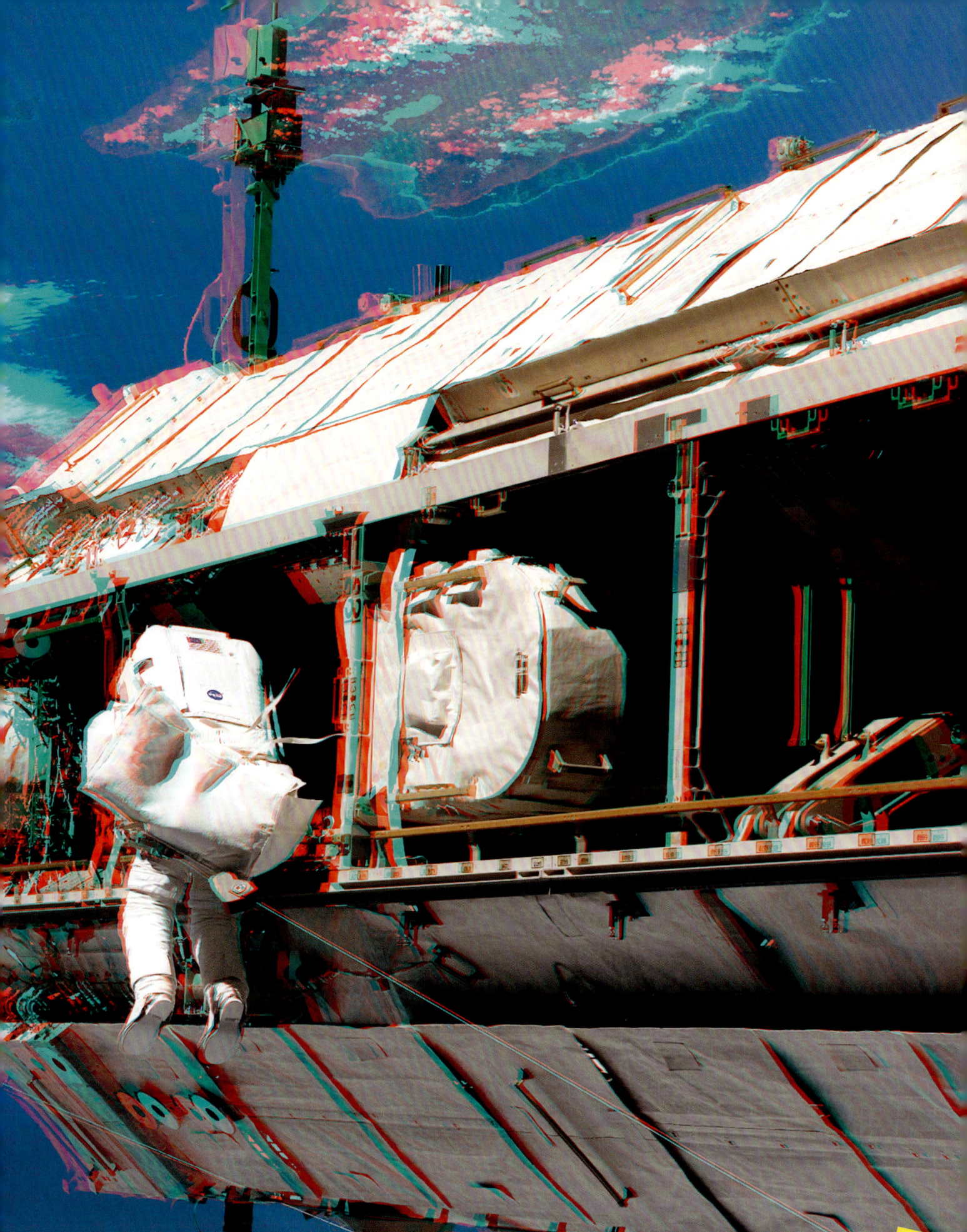

他们在新西兰岛上方 340 千米的高处，只用了一根细金属线和空间站相连。

如果你升到 100 千米以外的高空，穿过云层，你就会到达任何飞机都抵达不了的外太空。在这里，没有空气。要么冰冷彻骨，要么在阳光的照耀下，热得像着了火。如果没有太空服，你就会膨胀死去。想找这样的工作吗？欢迎来到宇航员的世界。

太空旅行

浩瀚宇宙

宇宙中有不计其数的星辰和星系，但是身处其中却觉得不可思议的空旷。在星球之间几乎没有任何空气、尘土，空无一物。不管你多么用力喊叫，你都没法发出任何声音，因为没有任何介质可以传导声波。所以没人听得见你。

宇航员都干些什么？

宇航员在太空工作、穿梭。他们的工作多种多样——飞行员驾驶航空飞船，飞行工程师和专家的工作则是适时检修，确保宇宙飞船正常运行。他们还开展科学工作，比如研究地球，进行植物实验，在太空中开发新物质。

训练

要把一个优秀的候选人培养成宇航员大约需要花费两年。

他们需要学习如何成功地在大海上、丛林中、冰山上降落，因为在他们完成任务返航时可能会坠落到那些地方。

宇航员还需要在水下练习太空步，因为在水下行走的感觉和在太空中非常相似。

太空中只有你？并不尽然……

高空之上有什么？

外太空

这里有行星和恒星。几乎没有空气，只有少量的粉尘和氢原子弥漫其中。

太空边缘

大多数专家认为外太空在海拔100千米以外。

大气层

我们生活在大气层里。这里有我们呼吸的空气。海拔越高，空气就越稀薄。

珠穆朗玛峰

珠穆朗玛峰是世界最高峰。它在喜马拉雅山上，海拔8844.43米，将近9千米。在那个海拔，登山员需要氧气罐帮助他们呼吸。

海拔最高的家园

在南美洲的安第斯山脉和亚洲的喜马拉雅山脉上，在海拔5千米处仍有人家。习惯在低海拔处生活的人到了那儿，会觉得空气过于稀薄，让人窒息。

外太空

太空边缘

大气层

珠穆
朗玛峰

海拔最高的家园

海平面 我们以海洋的平均高度作为基准测量陆地高度。

成为宇航员的条件

最初的宇航员都是一些年轻的军用飞机飞行员。现在这份工作越来越开放。航天局通常会雇佣、训练那些满足他们苛刻条件的人。在挑选的过程中会有很多比赛。如果你想参加挑选，你通常需要满足如下条件：

- 身高在157.5厘米～190.5厘米之间
- 身体健康
- 视力良好
- 有数学、科学或工程学士学位
- 或有曾经在上述领域工作的经验，或者拥有高级学位，或者是位教师，或者是喷气式飞机飞行员
- 能与人和睦相处 —— 空间站空间有限，你需要在太空中待一段时间

为了适应失重状态，飞行员需要在一种叫作"呕吐卫星"的飞机里进行无数次训练。

飞行员在一个仿真宇宙飞船中练习飞行。

我成功了！我是一个**宇航员**了！

飘来飘去

在太空中，宇航员和所有没有被拴住的东西都处于失重状态。在训练的过程中，宇航员会在一种特殊的飞机中体验瞬间失重的感觉。这种飞机会像过山车一样在空中上下翻滚，当它升到"顶峰"时和它向下俯冲时，宇航员都会感觉到失重。

升空……

俯冲……

那里还有无数的 太空垃圾、流星和月亮……

国际空间站

如果你是一名宇航员，你可能一次需要在太空中生活 6 个月。你的家就在国际空间站（ISS）。这是一个实验室一样的地方，可供 6 名宇航员生活、工作数月。

这个空间站是在 1998 年被首次发射进入轨道的，从那以后，空间站的其他模块陆续被送入太空，当作生活空间、生存支持系统和实验室。

国际空间站每天绕地球飞行 16 圈。如果你在黎明或者黄昏仰望天空，就可以用肉眼看见它。它看起来就像一颗星星慢慢地划过天空。

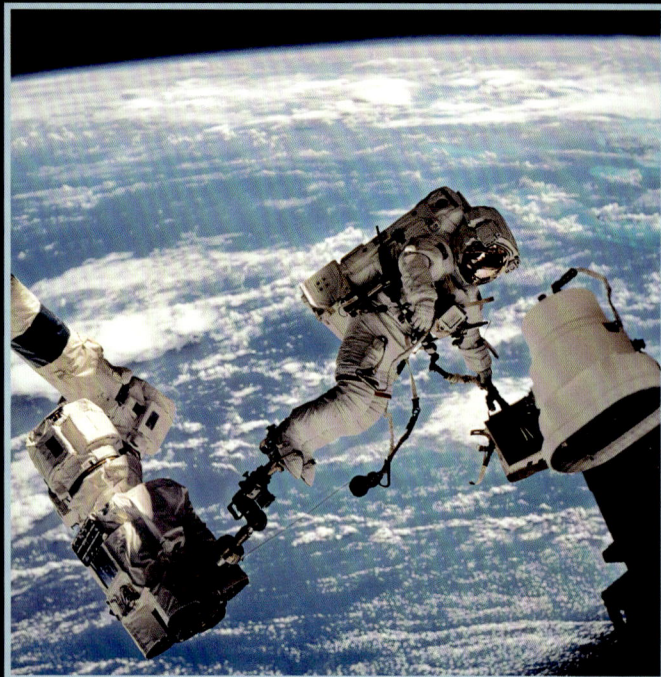

维修或者安装新设备需要花费数小时。

希望号试验舱是日本试验舱，宇航员在这里进行失重实验，比如骨骼是如何在太空中变脆的，以及如何预防。

加拿大臂 2 是一个有 7 个关节的机械臂。它可以固定在 ISS 外的许多部位，用来帮助航天飞机对接。

太阳能电池板可以把太阳能转换成电能给 ISS 上的电子设备供电。

命运号试验舱是美国的实验室。在这里可以操控加拿大机械臂。这里还有一个迷你急救室和一些训练设备，以及一个休息的地方。

进步号货运飞船能为 ISS 运送补给。它还会把空间站的垃圾运走。当它飞走后，会在进入大气层时烧毁。

有两个联盟号宇宙飞船与空间站对接。它们就像救生船，如果发生危险，宇航员可以乘坐它们回到地球。

ISS 和足球场一样大……

宇航员的外出装备

在保护严密的宇宙飞船里，宇航员可以穿普通而舒适的工作服。但是出舱则是另一回事了。在她出舱修理宇宙飞船或者进行实验时，需要一些支持她生命的设备。因此她穿上了太空服，这是一种迷你生存装备。

灯

面窗就像一个双向镜，可以反射太阳的光和热。尽管你无法透过它看见宇航员的脸，但是她可以看见外面。

宇航员背着呼吸用的氧气罐。

喷气推进器，可以帮助宇航员前进。

红条可以帮助他们辨识这是哪个宇航员。

衣服非常蓬松，因为里面充满空气。

颜色中的智慧

宇航服通常是白色，可以反射太阳的热量。不过，宇航员在乘航天飞机起飞和降落的时候会穿橘红色的宇航服。这样，如果发生意外，他们需要跳伞逃生时，比较容易被看见。

下雨、大风或者是太冷时，宇宙飞船是不能起飞的。还曾有一次，啄木鸟在发现号宇宙飞船的燃料罐的隔绝层上面打了好几个洞，飞行因此而延期。

小"窟窿"，大麻烦！

对于宇宙飞船来说，最大的危险就是受到诸如旧卫星这样的太空垃圾的撞击。即便是丁点大的油漆块，只要速度够快，也能在航天飞机上撞出一个洞来。我们可以从地面上监测到那些比足球大的太空垃圾的威胁，这样宇宙飞船就可以避开它。

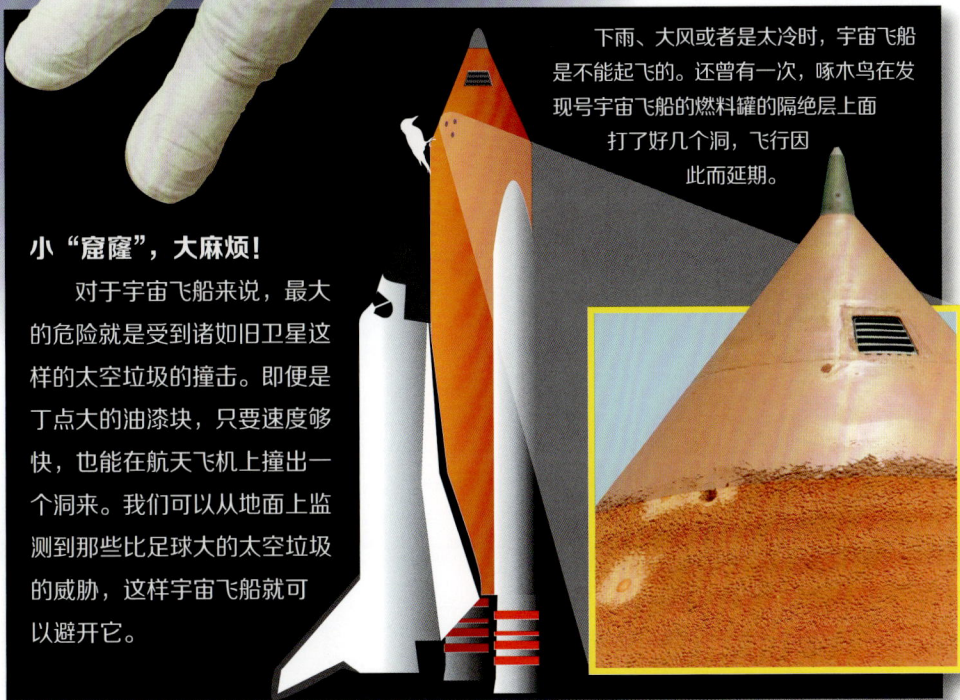

宇宙记录！

太空探索为我们创下了许多个"宇宙第一"，比如：

1946 年 7 月，果蝇成为第一种飞到太空边缘的动物，它们乘坐的是美国的 V-2 火箭。

1957 年 11 月 3 日，苏联的流浪狗莱卡犬乘坐斯普特尼克 2 号，成为第一个进入太空的动物。它不幸在升空的路上遇难。

1961 年 4 月 12 日，苏联宇航员尤里·加加林乘坐东方号宇宙飞船成为第一个进入太空的人类。他绕地球飞行一周后返回，在宇宙飞船着陆前一瞬跳伞逃生。

1969 年 7 月 20 日宇航员尼尔·阿姆斯特朗成为第一个踏上月球的人。当他从鹰号登月舱迈出时，他说："这只是个人迈出的一小步，但却是人类迈出的一大步。"

1971 年 4 月 19 日，世界上第一个太空站，苏联的礼炮 1 号空间站发射升空。太空站上的三位宇航员在返回地球的路上遇难。

1981 年 4 月 12 日，第一个可复用宇宙飞船——哥伦比亚号航天飞机在美国佛罗里达州的肯尼迪航空中心启航。在二十多次成功飞行后，于 2003 年再次进入大气层时发生爆炸，船上 7 名航空员全部遇难。

2001 年 4 月 30 日，首次有人付费参加太空旅行，登陆 ISS。他就是丹尼斯·蒂托，一个 60 岁的美国百万富翁。他花费逾 2000 万美元，在天上"旅行"了一周。

它以 8 千米/秒的惊人速度绕地飞行。

世界上最动人心魄的冲浪就是踩着六米多高的巨浪进行的大浪冲浪。头顶是滔天巨浪。脚下的碎浪能推着冲浪者前行 15 米。在海浪拍下来之前，他只有不到 20 秒的时间逃脱。

极限冲浪者可以踩着 21 米高的巨浪前行。这个高度相当于一栋 7 层高的建筑。

大浪冲浪

冲浪板

冲浪板长且轻，做成特有的形状便于控制。它们通常用泡沫或玻璃纤维制成以便浮于水面。冲浪者会在冲浪板上打蜡，然后用梳子在上面刮擦，这可以增加湿脚在上面的摩擦力。

有经验的冲浪者会选择枪板。这种板形状修长，适合大浪冲浪。它的两端非常尖。枪板的长度可以超过 3.7 米。

这种短而宽的板叫作鱼板或者卵板。长度只有 1.5 米，它冲滑快速，容易转向。

短板的长度通常在 1.5～2.1 米，转向灵活，适合切浪。这是最常见的一种冲浪板。

长板也叫作马利布，一般有 2.7 米或更长，它前端钝圆。这是一种最稳定的冲浪板，适合初学者使用。

在训练的过程中，冲浪者需要练习屏气，以防落入水中。

直升机帮手

当一个冲浪者想要征服一个巨浪时，一队摄影师会在一架盘旋在空中的直升机里将他的一举一动拍摄下来。偶尔会有冲浪者想要在夜间冲浪，这时直升机还能为他照明。

搭"电梯"

如果海浪离岸很远，就会有摩托艇把冲浪者拖过去。驾艇者就是冲浪者的救命索——冲浪后，他会把冲浪者拖回到岸边。驾艇者和冲浪者会轮流架艇、冲浪。

这个冲浪者乘着12米高的巨浪以48米/时的速度向前冲。

大浪是如何产生的？

浪花是强风吹过宽广的水面形成的。水下的地势也会对浪花产生一定的影响。当海水到达海岸时，下面的水冲击到海床而减速。上面的海浪继续向前，直至拍打到岸边。

足够强度和速度的风可以把微微水波变成滔天巨浪。

伴随着海浪靠近岸边，浪花中所蕴含的巨大力量和水底能量的消耗把浪花越推越高，越来越大。

当浪花涌成一片，就会形成浪涛沿着风的方向传播。

海浪后方的海水要比前方的海水速度更快。浪花越推越高，直到拍在岸上。

他们需要尽量保持镇静，因为惊慌会消耗过多的氧气。

危险地带

大浪冲浪只适合那些最勇敢、最富技巧的冲浪者。原因如下：

强大的激流可以把冲浪者抛出海面。如果你特别不走运，遇到了激流，那你只能趁着还没被浪冲走游过它，游到另一边去，而不是反其道而行。

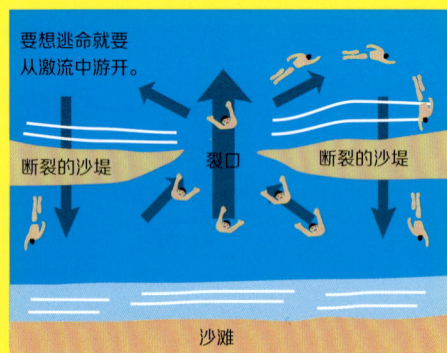

要想逃命就要从激流中游开。

断裂的沙堤　裂口　断裂的沙堤

沙滩

鲨鱼！鲨鱼！冲浪者最怕听到这种呼叫声。鲨鱼并不常袭击人，但是当它们袭击的时候，冲浪者轻则缺胳膊少腿，重则丧命。

冲浪者去哪儿了？

当你从冲浪板上掉下来的时候，你必须赶快思考，找到哪边是上，并赶快浮出水面。

警告

禁止游泳

落水

冲浪者被浪花拍翻在水下就叫落水。如果他不能快速浮出水面，就有可能溺亡。逃命的最好办法就是在落水之前深吸一口气，然后蜷曲成团，保护好头部。

就像在路上一样，冲浪者也需要躲开其他往来的交通工具。这个冲浪者正试图躲开他自己的摩托艇。驾艇者已经跳水了。

夏威夷的大白鲨浪、美国加利福利亚的冲浪湾、

破纪录者

姓名：迈克·帕森斯
记录：2008 年在美国加利福利亚州的科尔特斯，他征服了逾 21 米高的巨浪。

如果你想要征服真正的巨浪，你首先要健身。作为世界顶尖的冲浪选手之一，迈克·帕森斯除了花数小时冲浪以外，还会去健身房、游泳、骑山地自行车。

警告

巨浪

YOU COULD GET SWEPT AWAY
FROM SHORE AND COULD DROWN
IF IN DOUBT DON'T GO OUT

如果你撞上**沙洲**、**暗礁**或者海底的岩石都可能严重受伤，甚至昏迷。冲浪者需要在冲浪前搞清楚海面下潜藏着什么样的危机。

小心冲浪板，它可能会刚好击伤你。冲浪的时候很多外伤是冲浪板造成的。不一定是你自己的冲浪板，很多时候是别人的冲浪板造成的。

塔西提岛的提阿胡普、南非的敦根斯都是大浪冲浪的圣地。

直升机营救

当有人坠下悬崖，或有人遭遇沉船被困水中时。只要他挣扎着浮起来求救。数分钟后，他就会听见直升机的咆哮声，抬头看见直升机在头顶盘旋，急救人员正系着绳索吊下来解救他。

直升机能以 200 千米/时的速度飞行。

即便是狂风天气，飞行员也可以让直升机盘旋在固定位置。

求救信号

当有海员需要求救时，他可以点燃照明弹，告知救援人员他遇到了麻烦，在什么地方。照明弹和烟火类似，危险性也相当。很多海员会在照明弹旁放上厚手套，以免点燃之后烧伤他们的手。

红色和橘色照明弹意味着他们有生命危险。白色信号弹提示其他船只你的具体位置，以免他们撞上你。照明弹可以手握，也可以像火箭一样飞到空中。

**手持式
照明弹**

经过训练的**绞车手**可以抓住幸存者，把他们拖出水面。他们还接受过医疗训练，可以把遇险者成功运抵医院。

电话求救

大多数海船上都会有海上甚高频无线电（VHF）。它可以传出或接收信号，不过两者不能同时进行。在紧急情况下可以开启16频道，这是国际遇险通道，有救险工作队负责监护它。

在VHF上**你可以说**或者听。不过在你说完的时候要说一句"OVER（完毕）"，这样别人才知道该他们说话了。

在你求救的时候，请把内容说三遍。你可以在一开始说"MAYDAY"，这是全球通用的呼救方式。举个例子：

MAYDAY！MAYDAY！MAYDAY！
这里是海洋玫瑰号！海洋玫瑰号！海洋玫瑰号！我们正在下沉！请紧急救援！OVER！

救援人员应尽快帮遇险者脱离水面，以免他溺亡或者冻死。

十字中间的"H"意味着
这是一家医院的停机坪。

直升机在中国上海瑞金
医院的屋顶着陆。

掌控飞行

在接到求救电话的 30 分钟内，搜救人员就会升空。他知道遇险者的大致位置，并向正确的方向飞行。一旦升空，控制中心就会给他更详尽的信息。

一架瑞士空中救援直升机正赶往事故现场。对于
受伤的人而言，时间就是生命。

营救设备

救援直升机上都配有卫星导航系统、搜救雷达和大量无线电设备。他们也可以接收船上发出的紧急求救信号。这些信号先发送到卫星，然后又传递给这些飞行员。

一名合格的直升机飞行员在正式执行救援任务前，

随时待命

停机坪永远随时待命。它的四周安有灯，即便是在夜间，飞行员也知道该停在哪儿。在它的地板下常常铺有加热线圈，能融化掉上面的冰雪，因此即便是在冬天直升机也能安全着陆。医院的名字写在屋顶的"H"字母旁，这样飞行员就能知道他们在哪儿，该停在哪儿。

更多直升机救援活动

院内着陆

一个重伤的患者**最怕遇到的事情**就是堵车，直升机可以把他们直接带到医院。飞行员可以通过无线电提前通知医院接收病人，并能对患者的大致病情进行描述。

在法国阿尔卑斯山的滑雪道上进行救援。

高山救援

即便是救援直升机也无法在陡峭的山坡上降落。它只能在遇险的滑雪者或登山者上方盘旋，等待救援人员把他们用硬性担架固定起来。

在 2000 年，一家人在莫桑比克的洪水中获救。

洪灾救援

当洪水决堤，道路被淹，人员被困时，直升机可以用急救担架把他们运到地势较高的地方去。

病人被平车推入医院。有电梯会把她送进急诊室，医护人员已经就位。

通过夜视镜观察

在约塞米蒂国家公园，这个登山员的脚被落石砸伤。

哨壁营救

像美国加利福利亚州的约塞米蒂国家公园这样的大型国家公园有他们自己的搜救队。在约塞米蒂，每年约有 150 人获救。

夜间搜救

有些搜救直升机上还配有红外探测仪。这种仪器可以探测到人身上散发出的热量，帮助搜救人员在多云的天气和夜间进行搜救。搜救人员还可以佩戴夜视镜。它可以增强光线，帮助在夜间识别遇险者。

如果没有夜视镜，救援人员就无法在夜间看见这条救生筏。

至少要接受 100 个小时的专门训练。

疯狂蹦极

向后迈一步，这个蹦极者直奔着加拿大的查克马斯河跳下去，

坠落了49米后，又弹回来，再掉下去，又弹回来……

这些冒险者在飞行、坠落、游泳、奔跑、驾驶时，不断追寻的就是那种刺激的生活。他们是在炫技，展现勇气，还是疯了？

这个飞行员正在乘风驾驶滑翔翼。

滑翔翼

滑翔翼是一种飞行器。它有风筝一样的三角翼，上面还有金属架和安全带，但是没有轮子和引擎。飞行时，飞行员先绑好安全带，然后把滑翔翼高举过头，沿着山坡狂奔……然后从悬崖边起飞！它的原理是滑翔翼可以借助空气的力量帮助飞行员翱翔，最后安全地滑向地面。

在英格兰的格洛斯特郡，一群人在表演机翼行走。

机翼行走

机翼行走是这样做的：

首先爬到一架小飞机上，把自己绑在一个看台上，等飞机发动。接下来飞机沿着跑道奔跑、起飞。这时你就可以在飞机上表演了。你的脸会在巨大的风力下抖动。你想笑，但是发现控制不住你的脸。不过，你还是会觉得很开心！

疯狂至极

机翼行走者会在逾 160 千米/时的高速下表演杂技，

快速飞行会使脑部的血液流到腿部去。因此飞行员会穿上特殊的松紧裤，以免发生晕厥。

编队飞行

看起来很简单，但实际上，9 架喷气式飞机紧紧排在一起以逾 640 千米/时的速度飞行，这只有最优秀的飞行员才能做到。在表演的时候它们距离地面只有 30 米。除了卓越的飞行技能外，他们之所以能活着就是靠着不断地练习练习再练习。

英国皇家空军"红箭"特技飞行队

当这些飞机交错而过的时候，彼此之间仅相距 1.8 米。

彩色的尾烟是蒸发的柴油和染料混合而成的。

我不想跳了！
（来不及了）

在非洲的维多利亚瀑布大桥上蹦极。

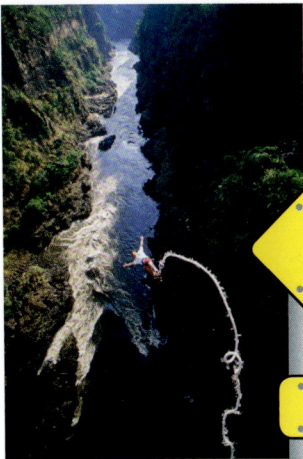

蹦极

这项恐怖的运动要从极高之处跳下，身上仅系一根救命的弹力绳。这根绳子一端系在蹦极者的脚踝上，另一端则系在高处诸如吊车、大桥之类的结构上。她从吊车跳下……然后绳子绷紧，让她觉得头就要撞到地面了，当然实际上不会！

！

蹦极

蹦极绳可以拉伸到原有长度的 4 倍。

正在与鲨鱼亲密接触的潜水员。

与鲨鱼共舞

不是所有的鲨鱼都会攻击人类。如果你能这么想，当你穿着潜水服戴着面罩看着一群鲨鱼在你身边游来游去的时候，你会感觉轻松很多。大白鲨很危险，虎鲨也是。然而，有些人与鲨鱼同游取乐。恐惧让人着迷，全身而退则是对勇者的奖励。

啊！

这些加勒比礁鲨吃鱼和大螃蟹（不吃人）。

追逐风暴

大多数人下雨天会躲雨。但是风暴追逐者不会。他们会研究气象地图和卫星云图寻找发生诸如雷暴、雹暴、龙卷风之类极端天气的地方，然后驱车前往。

极端天气时，降下的冰雹会有兵乓球大小。可以砸坏汽车，砸碎挡风玻璃，极易造成人畜伤亡。如果风暴追逐者碰上了雹暴，愿他戴了安全帽。

！危险

发生在美国南达科他州的龙卷风。

奔牛

现在是早上 8 点，西班牙潘普洛纳的大街小巷安静而紧张。突然，有人点燃了火箭。这是一个信号，意味着圣多明哥的畜栏已经打开，大批的野牛正向城里涌来。人们开始奔跑。这里离斗牛场有 848 米，野牛随后就到。人们必须躲开，以免被牛踩踏。

每年 7 月的奔牛节，都有三千余人参加奔牛。

哇！好刺激啊！
可惜只有短短几秒的
自由落体，就掉进水里了。

这个皮划艇爱好者身体略前
倾——但是不能倾得太厉害，
否则就从艇里掉下来了。

瀑布皮划艇

以此为力量和勇气的测验，如何？极限皮划艇爱好者划着一条小小的单人船（皮划艇）沿着湍急的河流前行。尽管前方是瀑布，但是他们并没有止步——他们要征服瀑布！

破纪录者

姓名：佩德罗·奥利维亚
时间：2009 年 3 月
记录：38.7 米的瀑布

巴西人佩德罗·奥利维亚在 2009 年 3 月成功挑战了高达 38.7 米的巴西贝罗大瀑布，落下时速度高达 113 千米/时。他的头先入水，并且胜利归来给大家讲述了自己的故事。

仅仅几个月后，佩德罗的纪录就被泰勒·布莱特以 58 米的高度打破了。

骑手以 **72 千米/时**的速度迅速行驶。

死亡之墙

在这个摩托车特技表演里，
骑手绕着垂直的墙面环行。
如果他开得过高，就可能从
上面飞出去，如果他开得太低，
就可能摔在地上。

印度新德里的
死亡之墙

跑酷是一种调整你的身体运动，跨越路上障碍的运动。

跑酷

　　这是一种不借助任何设备，
利用建筑本身可攀爬、手握、
落脚之处飞越城市的建筑、房
顶的运动。跑酷者在离地几层
高之上的楼房间跳来跳去，任
何判断上的失误或者是脚滑都
可能导致受伤甚至死亡。

　　跑酷运动起源于法国，这是
一种集攀爬、跳跃、翻滚和悬吊
与一体的运动。

　　自由飞跃是一种类似于跑酷
的运动，但是包含有更多创造性
动作，比如说绚丽的转体运动。

要想做一位酷跑者，首先要学的
是如何跳跃和着陆——当你着陆时，
你应该尽量向前滚动，然后前进。

我们希望你能够享受

怪物卡车特技表演

如果你喜欢大型机械，你一定会喜欢看怪物卡车开足马力表演巨型卡车前轮离地的平衡特技以及跳跃汽车的表演。卡车司机通常非常安全，因为他已经被牢牢地捆在了自己的驾座上。而观众则通常坐得远远的。

在表演的时候，卡车常常会把轮子下的汽车碾得粉碎。

极限熨烫

有的事开始时像一个玩笑，现在（基本）演变成了一项运动。这就是极限熨烫，它可以让家庭琐事变得更饶有趣味。这项运动只需要一个熨衣板，一个熨斗以及一个意想不到的地方。把你的装备带到那，熨一两件衬衣，拍几张照片。

破纪录者

在 2009 年 1 月冰冷的一天，**86 个英国人组队**在水下熨衣服——或者是假装在熨衣服，他们宣布他们创下了水下同时熨衣人数最多的世界纪录。（这次熨衣并不能算是成功，因为他们的衣服还是湿乎乎、皱巴巴的！）

一会儿见！我才跃上窗沿，你已经离开。

如果你因为要熨衣服而不能攀岩，那有什么？把熨斗带上一起攀。

自家窗沿边上的刺激生活。

致谢

The publisher would like to thank the following for their kind permission to reproduce their photographs:
(Key: a-above; b-below/bottom; c-centre; f-far; l-left; r-right; t-top)

Action Plus: 78-79b; **Alamy Images:** Greenshoots Communications 51tr, 51cl, 51bc, 54, 56tc, 56-57b, Corbis Flirt 40bl, 40-41, 44bc, 45tl, David Fleetham 51br, Jim Goldstein 60-61, 64bl, Craig Ingram 43crb, Mark A Johnson 74t, 74b, 75t, 75br, 79t, Mark A. Johnson 65cra (inset), Matthew Jones 21bl, 21br, 24br (inset), 24-25, 26, Steve Bloom Images 31bl, 32bl, 37clb, 38tl, 38-39b, 39tc, 39cl, Mark Tipple / The Underwater Project 66bl, David Wall 4bl, 4bc, 5br, WaterFrame 69tr, Jim West 11cl, 11bl; **Barcroft Media Ltd:** 77b; **Bryan & Cherry Alexander / ArcticPhoto:** Arctic Images 24cl (inset); **Corbis:** John Abbott / Visuals Unlimited 31cr, Craig Tuttle 60bl, 60br, 61clb, 61crb, 61bl, 61br, 63t, 64-65, 66clb, 66crb (inset), 66br, 66-67 (main picture), 67clb (inset), 67crb (inset), 67bl, 67br, 71clb, Yves Forestier 15bc, 18bc, 18-19, 18-19b, 19tr, 19br, Thorsten Henn / Nordicphotos 3br, Kamal Kishore / Reuters 70b, 71tr, 71c, 71bc, 71br, 75cl, 76bl, 78t, Frans Lanting 53t, 53tr (inset), 55cl, 55bc, 56cla, 56clb, 56bl, 57br, Don Mason 42bc, 42-43t, 43tr, 43c (inset), 43cr, 43bc, 43br, Paul A Souders 30-31, 32-33, 36bl, 37tr, 38tr, 38bl, Vince Streano 13t, US Coast Guard 21c, 25tr, 25br, 27cl, 27cr, 27bl, 28tr; **Dorling Kindersley:** Charles Van Dugteren 64fbr, Howard Kuflik www.kuflik.com 69br, Richard Leeny / Courtesy of the Aberdeen Fire Department, Maryland 12c, Harry Taylor 55clb (rock), 55fbl (rock); **Dreamstime.com:** Alix 19tc, Ivan Paunovic 5cr, Yykkaa 20; **Fotolia:** Flying_Wizard 6bl; **Getty Images:** AFP 20tr, 27tr, 27bc, 27br, 29bl, Barcroft Media via Getty Images 4br, 4-5, 5bl, 6tr, 6-7, 7tr, 7br, Ron Chapple 63b, 64bc, 64br, Chad Ehlers 75bl, National Geographic 30bc, 31tr, 33tr, 33br, 37b, John Kelly 42-43b, 49tl, Colin Meagher (main picture), Carsten Peter 76cr, Dave Saunders 52bl, Stableford 2br, 5bc, 10-11, 12tr, 13br, 14br, 14-15, 15cr, 17cl, 17bl, 17br, Gordon Wiltsie 41cr, 41br, 44t (main 44cr (inset); **Courtesy of Nuno Gomes:** 32; 28tl; **Imagestate:** Shari L Morris / AGE Fotostock R Ian Lloyd 6tl, 7cr; **Ministry of Defence** UK MOD Crown Copyright 2011, 29br, UK MOD Crown 69; **MRP Photograpy:** 57t; **NASA:** 60cb, **News and Pictures:** 22-23; **Photolibrary:** 36, National Geographic Society 3bc, OM3 OM3 53bc, James Images:** Barry Bachelor 29tr, Chen Huanlian / ColorChinaPhoto / AP 70-71; **Reuters:** China Daily 15tr, Vivek Prakash 21t, Stringer Australia 12bl; **Rex Features:** 79br; **Science Photo Library:**

33cr, 34-35, Martin Harvey 2bc, 3bl, 71cr, 76t, 77 (inset), 56cra, Tyler 15tr, 16br, 16-17t, 17tc, picture), 44cl (inset); **Chris Hunter:** 11tr; **Masterfile Picture Library:** © Copyright 2011 2bl, 68-62 (main picture); **North** Philippe Giraud 12tl, 12br, 20tl, Reeve 41bl; **Press Association**

Richard Folwell 40br, 48-49, 49br, Peter Menzel 27tl, NASA 50, 55tl, 55tl, 55bl (cosmic explosion), 58-59, 62tr (inset), Duncan Shaw 13bl; **Specialist Stock / Still Pictures:** P Royer / Blickwinkel 53cra (inset); **SuperStock:** Flirt 72-73, imagebroker.net

WITH SPECIAL THANKS TO...

... British Parachute Association • Longmont Fire Department • Alaska Department of Fish and Game • Mines Advisory Group (MAG) • National Speleological Society • National Cave and Karst Research Institute • Australian Reptile Park • Northwest Territories Department of Transportation • British Mountaineering Council (BMC) • Interdive Services Ltd • Camborne School of Mines / University of Exeter • Peter Bond • Shaun McGrath • Maritime and Coastguard Agency (MCA)

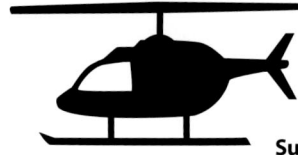